"十四五"高等职业教育城市智能管理专业群系列教材

智能运动装置虚拟仿真实训

ZHINENG YUNDONG ZHUANGZHI XUNI FANGZHEN SHIXUN

黄　瑞　高　艺　宋立红◎主　编
勾　鹏　齐昕彤　王新宇◎副主编

中国铁道出版社有限公司
CHINA RAILWAY PUBLISHING HOUSE CO., LTD.

内 容 简 介

本书以天津启诚伟业科技有限公司提供的 TQD-Micromouse OCv2.0 虚拟仿真评测系统为教学载体，按照“项目—任务”教学法讲述基于 Python、Ubuntu、Gazebo、ROS2 的编程基础知识。具体内容包括：智能运动装置虚拟仿真基础、智能运动装置虚拟仿真开发环境智能运动装置虚拟仿真评测系统、智能运动装置拓展学习资料。

本书配套丰富的数字化资源，加入 3D 虚拟仿真技术，通过学习虚拟仿真、智能算法等知识，可为学生进一步学习新一代信息技术知识奠定基础。

本书面向新一代信息技术、自动化类等相关领域，适合作为高等职业院校开展职业启蒙、科技活动和特色教育的教材，也可作为企业工程技术人员培训用书及智能运动装置爱好者的参考用书。

图书在版编目（CIP）数据

智能运动装置虚拟仿真实训/黄瑞，高艺，宋立红主编 . —北京:
中国铁道出版社有限公司，2024. 7
“十四五”高等职业教育城市智能管理专业群系列教材
ISBN 978-7-113-30805-6

I. ①智… II. ①黄… ②高… ③宋… III. ①智能机器人 - 计算机仿真 - 高等职业教育 - 教材 IV. ① TP242. 6

中国国家版本馆 CIP 数据核字（2024）第 070372 号

书　　名：智能运动装置虚拟仿真实训
作　　者：黄　瑞　高　艺　宋立红

策　　划：何红艳　　　　**编辑部电话：**（010）63560043
责任编辑：何红艳　彭立辉
封面设计：刘　颖
责任校对：刘　畅
责任印制：樊启鹏

出版发行：中国铁道出版社有限公司（100054，北京市西城区右安门西街 8 号）
网　　址：https://www.tdpress.com/51eds/
印　　刷：北京联兴盛业印刷股份有限公司
版　　次：2024 年 7 月第 1 版　2024 年 7 月第 1 次印刷
开　　本：787 mm×1 092 mm 1/16　**印张：**9　**字数：**167 千
书　　号：ISBN 978-7-113-30805-6
定　　价：49.80 元

前言

当前，随着全球数字化进程加速推进，数字化转型成了世界范围内教育转型的重要载体和方向。党的二十大报告对办好人民满意的教育作出重要部署，强调要“推进教育数字化”。习近平总书记在主持中共中央政治局第五次集体学习时指出：“教育数字化是我国开辟教育发展新赛道和塑造教育发展新优势的重要突破口。”这些都凸显了教育数字化的关键作用，为我们把握新一轮科技革命和产业变革深入发展的机遇、建设教育强国指明了方向和路径；同时也推动了新一代信息技术与数字技术在职业教育中的广泛应用和深度融合，逐步“重塑”教育的理念、模式与形态。凝聚教育变革共识，共创美好教育未来，需要我们共同努力，携手前行，共同书写教育变革的新篇章。

本书采用的智能运动装置虚拟仿真实训载体，为天津启诚伟业科技有限公司提供的TQD-Micromouse OC v2.0虚拟仿真系统。该系统不受地域、时空限制，采用虚拟仿真实验教学模式，将现代信息技术融入实验教学课程项目，拓展实践竞赛内容的广度和深度，延伸教学竞赛时间和空间，提升教学质量和竞赛水平。在智能运动装置逐步走向数字孪生技术的过程中，以服务产业和技术发展为导向，主动与国际职业教育接轨，立足市场需求，深化产学研合作，进一步打造全国职教高地。

本书第〇篇讲述智能运动装置的发展与渊源，让学生不仅“知其然”更要“知其所以然”。在第一篇学生循序渐进地学习Ubuntu系统、ROS2系统，为智能运动装置虚拟仿真开发设计的学习打下良好的基础。第二篇介绍智能运动装置虚拟仿真开发环境，包括虚拟仿真评测系统和常用的编程IDE。

在第三篇和第四篇，学习TQD-Micromouse OC v2.0系统核心功能、虚拟仿真程序设计的实践应用，加强学生的动手实践能力，培养学生的创新思维与创新意识。

第五篇为智能运动装置虚拟仿真实训平台的拓展学习资料。从学习Python语言基础知识，到了解智能运动装置在迷宫地图中的搜索策略、运动方向转换法则、迷宫信息存储方法以及等高图路径优选方法等，进行系统的知识梳理。通过多样化的教学方法和资源，激发学生的学习兴趣，提高学生知识储备的数量与质量。

通过系统地学习和实践，可使学生对新一代信息技术、通信技术、软件技术、嵌入式技术、机电一体化技术及人工智能、虚拟仿真等专业领域中的关键技术，由简入繁展开，再由繁到简去总结。

本书具有如下特点：

（1）体现能力本位功能，突出职业能力培养。将项目或任务的工作内容序化为完整的工作过程，在完成职业活动过程中不断积淀职业能力。

（2）辅以数字化资源，教材内容立体呈现。本书配套开发设计了数字教学资源小视频，扫描书中二维码，即可查阅相关知识点。

（3）加入3D虚拟仿真技术。本书在选用学习载体和学习内容时，充分考虑调动学生的学习兴趣，提供了一个观测虚拟世界交互的三维界面，学生可直接参与并探索仿真对象在所处环境中的作用与变化，产生沉浸感，增强了教材的时效性。

（4）校企合作开发，充分融入产教融合校企合作思想。

本书由天津城市建设管理职业技术学院工学博士、高级工程师黄瑞，南开大学工学博士、副教授高艺，天津启诚伟业科技有限公司总经理、高级工程师宋立红担任主编。天津城市建设管理职业技术学院勾鹏、齐昕彤、王新宇担任副主编。天津城市建设管理职业技术学院李小雪，天津启诚伟业科技有限公司总经理特别助理严靖怡、高等教育部经理白宇晴参与了本书的编写整理工作。

本书的出版得到了天津城市建设管理职业技术学院、南开大学等相关院校教授专家的大力支持。天津启诚伟业科技有限公司提供了企业实际工程案例、思维导图、二维码视频课程资源。在此，向相关单位及人员一并表示感谢。

尽管我们在探索职业教育教材特色的建设方面有了一定的突破，但限于水平，书中仍难免存在疏漏与不妥之处，恳请各相关教学单位和读者在使用本书时给予关注，并将意见及时反馈给我们，以便修订时改进。

编　者

2023年11月

目录

第〇篇 绪论

当前，随着全球数字化进程的加速推进、新一代信息技术与数字技术的广泛应用和深度融合，开始逐步“重塑”教育的理念、模式与形态。天津启诚伟业科技有限公司结合教育教学中的实际情况进行创新改革，研发设计出TQD虚拟仿真智能运动装置（迷宫机器人）竞赛评测系统，形成具有中国特色的虚拟仿真智能运动装置（迷宫机器人）竞赛标准。

虚拟仿真竞赛需要参赛者首先在计算机系统中搭建3D迷宫以及3D机器人的虚拟仿真竞赛环境；然后3D机器人在未知、复杂多变的迷宫中进行遍历搜索，通过智能控制算法计算出最优路径，并以最快的速度从起点冲刺到迷宫终点。

此技术融合了嵌入式微控制器、传感器、智能控制算法、3D仿真技术和人工智能与计算机应用等关键技术。对于满足产业优化升级、开阔国际视野，掌握实践与创新经验，培养高素质技术技能人才起到了引领推动作用。

十余年来，中国的智能运动装置竞赛不断创新国际发展新思路，从最初的“简单模仿”学习，发展到目前的“互学互鉴”，逐步搭建起国际交流合作的新平台。智能运动装置（迷宫机器人）在中国，从大学生竞赛到职业院校大赛，再到普职融通国际挑战赛，积累了丰富的竞赛经验和优秀的技术积淀。

近年来，3D虚拟仿真技术备受瞩目，从2020年开始虚拟仿真智能运动装置（迷宫机器人）竞赛受到国际师生的青睐。只要有网络，选手就可以通过TQD-Micromouse OCv2.0虚拟仿真系统，不受地域、时空限制，实时进行公平、公正、公开的同场竞技。智能运动装置正逐步走向数字孪生技术，以服务产业和技术发展为导向，主动与国际职业教育接轨，发挥鲁班工坊的桥梁纽带作用，服务“一带一路”建设，立足市场需求，深化产学研合作，进一步打造全国职教高地。

项目一 智能运动装置的发展与渊源

学习目标

① 了解智能运动装置竞赛在国内的发展情况。

② 了解中国智能运动装置在国际的发展情况。

③ 了解虚拟仿真智能运动装置迎来的新机遇。

思维导图

智能运动装置也称智能鼠或迷宫机器人，英文名为Micromouse，由嵌入式微控制器、光电传感器、运动单元与电力电子器件构成，可以在结构复杂的“迷宫”中自动搜索、记忆和选择最佳路径，并采用相应的智能控制算法，快速准确地到达目的地。图1-1所示为穿梭在“迷宫”中的迷宫机器人。

竞赛源于国际电气电子工程师学会举办的国际性Micromouse走迷宫竞赛，风靡全球将近50年。以培养人工智能素养、计算思维、设计思维、创造思维，以及动手、实践、创新能力为目标，助力国家AI创新发展。

从1972年开始，国际电气电子工程师学会每年举办一次国际性的Micromouse走迷宫竞赛，自举办以来各国踊跃参加，为此，有些大学还特别开

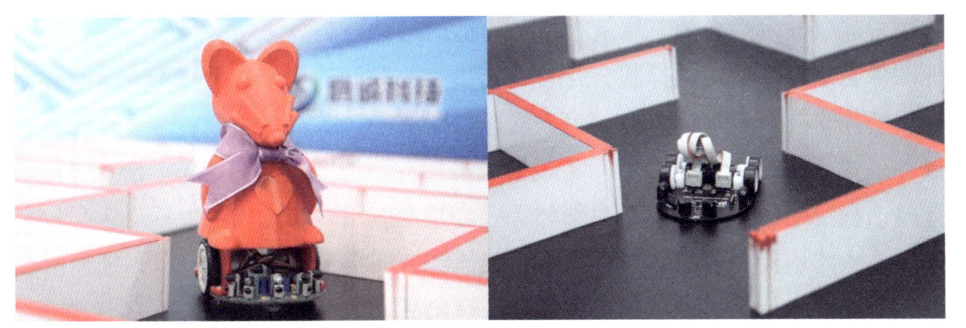

图1-1　穿梭在“迷宫”中的迷宫机器人

设了“Micromouse原理与制作”的选修课程。中国从 2007年开始在上海长三角地区举行小规模尝试性比赛。2009年天津启诚伟业科技有限公司将这项国际赛事引进天津，以工程实践创新项目教学模式对Micromouse走迷宫竞赛进行本土化创新改革，对于后期智能运动装置竞赛的开展和走进课堂、融入教学起到关键性作用。走迷宫竞赛先后经历了学习、实践、创新蜕变与优化过程，智能运动装置已经成为集“职业性、综合性、先进性、趣味性”于一体的创新实践教育平台，在推动课程改革、提高教学质量、培养学生的工程实践创新能力等方面发挥了重要的作用。具有中国特色的智能鼠走迷宫竞赛，既顺应中国教育竞赛模式，又兼容国际Micromouse竞赛的全部精髓和特点。

任务一　了解智能运动装置竞赛在国内的发展

迷宫机器人在国内的发展如图1-2所示。

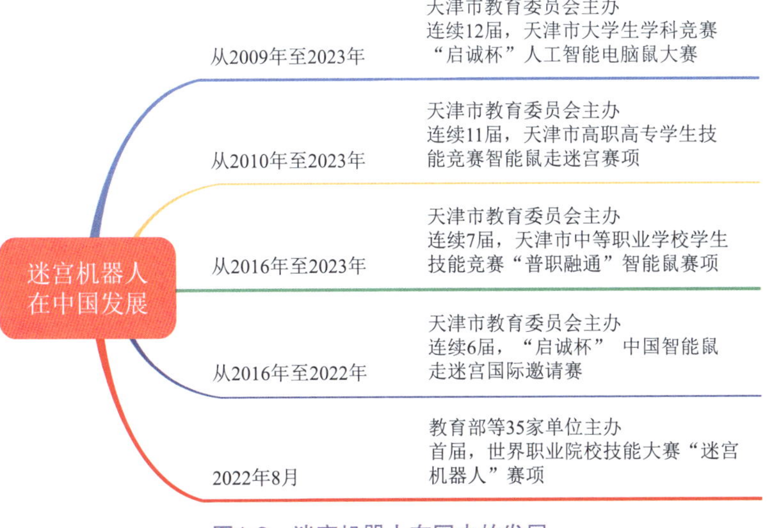

图1-2　迷宫机器人在国内的发展

智能鼠技术融合人工智能技术、自适应运动控制算法、多传感器融合、智能图像识别、高速运动控制、3D虚拟仿真、物联网通信等相关技术，全面对标现代智能科技产业发展，并以惊人的速度向海洋、航空、航天、军事、农业、服务、娱乐等各个领域渗透。实现激光雷达构建地图、室内定位、SLAM自动导航、视觉图像识别、AI无人驾驶等融合技术应用。通过国际大赛搭建起教育教学、人才培养、科技普及三大平台载体，协同汇聚各方优质资源，加速产业结构智能化。智能运动装置可谓“至小有内涵，至大可交叉”，具有多学科交叉、渗透力和支撑力强等特点。AI智能科技产业发展要教育先行，教育才是推动社会创新发展的战略力量，将智能科技人才培养与创新应用结合起来，打造科教协同平台意义重大。

任务二　了解中国智能运动装置在国际的发展

中国智能鼠走迷宫竞赛（智能运动装置）力求不断创新国际发展新思路，坚持国际交流与合作，从最初的学习借鉴，发展到现在的互学互鉴。搭建起教育国际交流合作的平台，服务于“一带一路”建设。在此过程中，经历了“走出去——学习借鉴”“请进来——蜕变升华”“推出去——引领辐射”三个阶段。

1. 走出去——学习借鉴

从2015年至今，启诚科技组织天津市大学生联合代表队“走出去”经风雨、长见识、促成长，征战国际大赛。图1-3所示为迷宫机器人在国际的发展。

迷宫机器人在国际发展

2015年3月
美国第30届APEC Micromouse国际邀请赛
首次参赛获得世界第六名

2018年3月
美国第33届APEC Micromouse国际大赛
荣获世界冠军和亚军

2020年1月
印度第23届亚洲科技节Micromouse国际大赛
包揽“金、银、铜”全部奖牌，获得17.5万卢比奖金

2017年
东京第38届日本Micromouse国际公开赛

2018年
东京第39届日本Micromouse国际公开赛

2019年4月
在葡萄牙举办的第9届国际Micromouse大赛
荣获国际精英组亚军

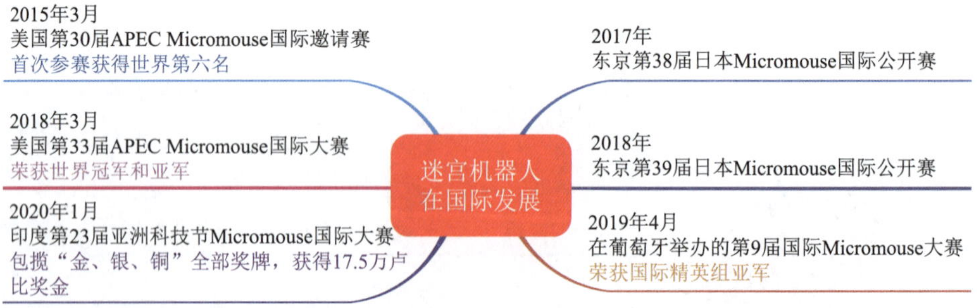

图1-3　迷宫机器人在国际的发展

2. 请进来——蜕变升华

继2015年国际Micromouse竞赛组委会主席麻省理工学院David Otten教授来到中国推动国际化交流合作之后，2017年第二届启诚杯智能鼠国际邀请赛上，

新加坡義安理工学院 Bengkiat教授，文莱、柬埔寨、老挝、泰国等东盟七国的院校领导和选手强劲加盟大赛。2018年，来自UK大赛组委会主席伯明翰城市大学的Peter Harrison教授，以及泰国、蒙古国、巴基斯坦等国家代表队加盟第三届大赛。2019年，日本Micromouse竞赛组委会秘书长率领日本电装集团IT精英加盟大赛，与来自巴基斯坦、柬埔寨、泰国、印度尼西亚、中国等世界各国选手巅峰对决。

3. 推出去——引领辐射

天津市作为现代职业教育改革创新示范区，从2016年开始在共建“一带一路”国家搭建“鲁班工坊”平台，把优秀职业教育成果输出国门，与世界分享，成为我国职业教育服务“一带一路”倡议与世界对话、交流的实体桥梁。截至2023年，启诚智能鼠作为创新型智能实训装备不远万里来到泰国、印度、印度尼西亚、巴基斯坦、柬埔寨、尼日利亚、埃及等国家，输出中国“智能鼠原理与制作”国际课程标准和教学竞赛平台，服务了“一带一路”倡议的发展。

2018年至2019年的5月第二周，世界各国的鲁班工坊代表队都不远万里来到中国天津，参加中国智能鼠走迷宫国际邀请赛，创造了鲁班工坊盛大回归、津门交流的佳话。

任务三 了解虚拟仿真智能运动装置的新机遇

2020年，外部环境因素对世界经济的冲击影响了全球经济发展与安全态势，给相关产业和国际贸易造成巨大损失。同样，国际Micromouse竞赛也不得已按下暂停键。为此，中国、美国、日本、印度等国际Micromouse专家纷纷提出在传统智能运动装置竞赛中增加虚拟仿真赛道。这样既可以不受地域、时空限制，实时进行公平、公正、公开同场竞技，又可以让学生通过虚拟仿真智能运动装置竞赛学习Python、Ubuntu、Gazebo、ROS2的编程语言和知识，助力教育数字化转型推动教育高质量发展。

1. 亮相第五届世界智能大会智能体验活动

2021年5月20～23日，启诚智能运动装置首次亮相第五届世界智能大会智能体验项目。一台小小智能机器人在千变万化的迷宫中，自动记忆和选择路径，采用智能搜索算法自主探索迷宫，找到通往终点的最快路径并完成冲刺任务。这就是在天津梅江会展中心N2场馆，吸引了大量观众驻足观看、体验的智能运动装置智能体验活动。

智能大会期间，先后举办了八场智能运动装置体验秀、三场人工智能科普

培训和一场在N2场馆公共服务区大型路演。精彩的迷宫机器人表演吸引着下到刚会走的儿童，上到耄耋之年的老人。参加表演的选手来自天津的本科院校、职业院校、职普融通学校，另外还有尼日利亚、柬埔寨、泰国、印度尼西亚等国际鲁班工坊代表队的33所中外院校160多名师生。国内选手采用现场展示形式，而国际选手采用线上比赛形式，包括尼日利亚阿布贾大学、柬埔寨国立理工学院、泰国大城学院、印度尼西亚波诺罗戈市第二私立学校等国际鲁班工坊学院师生参加了虚拟仿真智能运动装置比赛。图1-4所示为尼日利亚阿布贾大学学生在线上参加虚拟仿真智能运动装置比赛。

图1-4　尼日利亚阿布贾大学学生在线上参加虚拟仿真智能运动装置比赛

在世界智能大会迷宫机器人活动现场，大屏幕上实时显示国际选手的精彩表现。国际选手在当地的计算机系统中部署搭建了机器人和迷宫的3D模型，采用智能控制算法，轻松实现迷宫的搜索和最短路径的优化。智能运动装置应用第一视角功能，直观地显示路径搜索、终点冲刺等场景，让观众和参赛选手同时拥有身临其境的感觉。虚拟仿真智能运动装置比赛成为世界智能大会活动现场一道亮丽的风景线，受到国内外师生的一致青睐。

第五届世界智能大会期间，天津市委网信办、中国网、中国日报网、天津日报、津云、新华网、新华社、天津日报、北方网、人民网、网易、搜狐等十余家媒体，通过文字、高清图片、视频等方式报道第五届世界智能大会智能运动装置智能体验活动，积极宣传人工智能赋能教育、促进校企合作深化产教融合的成就，为全力打造人工智能先锋城市贡献天津教育的智慧和方案，如图1-5所示。

天津日报

回到首页 | 标题导航

2021年05月26日 星期三　上一期　下一期

上一篇　下一篇　朗读 放大 缩小 默认

迷宫机器人

助力智能科技人才培养

智能小机器人，在千变万化的迷宫中，自动记忆和选择路径，给予高度集成的智能硬件，采用相应的智能算法自主走出迷宫，并以最快速度到达所设定目的地。这就是前不久在第五届世界智能大会上的迷宫机器人智能体验活动。

迷宫机器人也称“智能鼠”　。该竞赛已风靡全球40余年，在很多国家，从中小学生到大学生、研究生，从IT精英到专业级玩家，参与度极高颇为盛行。

天津渤海职业技术学院院长于兰平介绍，迷宫机器人自2007年引入天津，先后经历了学习、实践、优化的过程，以工程实践创新项目(EPIP)教学模式进行本土化创新改革。以学生的自主探究和动手创造为核心，强调设计能力、合作能力、实践能力、问题解决能力和创新创造能力，通过完成迷宫机器人任务，激发青少年的学习兴趣与探索意识，从而实现寓教于乐快乐学习。

2016年以来，在教育部指导下，天津首创并率先实施了国际人文交流知名品牌“鲁班工坊”，智能鼠伴随着“鲁班工坊”走出国门，先后来到泰国、印度、印尼、巴基斯坦、柬埔寨、埃及、尼日利亚等海外国家，受到了海外国家师生的一致青睐。连续五届中国智能鼠国际邀请赛，不仅邀请了美国、日本、英国、新加坡等实力雄厚智能鼠代表队，还邀请了共建“一带一路”国家鲁班工坊代表队，搭建起中外合作交流的桥梁。

澎湃

精选　视频　时事　财经　澎湃号　思想　生活　战疫　问吧　订阅

澎湃号 > 网信天津

世界智能大会 | 机器人走迷宫，您见过吗？

第五届世界智能大会于5月20日至23日在天津召开，本届大会以“智能新时代：赋能新发展、智构新格局”为主题，形成“会展赛+智能体验”“四位一体”国际化平台。

图1-5　十余家主流媒体报道第五届世界智能大会智能运动装置智能体验活动

2. 开设首届世界职业院校技能大赛“迷宫机器人”赛项

2022年8月11日，由教育部、发展改革委员会、科学技术部、工业和信息化部、天津市人民政府等35家单位主办，天津市教育委员会、天津市教育科学研究院、天津渤海化工集团有限公司承办，天津渤海职业技术学院、天津启诚伟业科技有限公司协办的首届世界职业院校技能大赛“迷宫机器人”（智能运动装置）赛项鸣锣开赛。这也是智能运动装置虚拟仿真竞赛进入国家级A类赛事标志性成果。

来自中国、赤道几内亚、贝宁、也门、埃塞俄比亚、苏丹、刚果、塞拉利昂、津巴布韦等国家的选手组成“混合战队”展开激烈角逐。本次大赛无论从规格级别上，还是从奖励奖金方面都是高规格的。据悉，金牌一项，奖金50万元人民币；银牌两项，各获得30万元人民币；铜牌三项，各获得20万元人民币；优秀奖若干项，各获得10万元人民币。最终来自西非贝宁共和国的参赛选手卡普诗诗·赛格农·约翰和天津渤海职业技术学院学生于欣令组成的中外混合赛队获得智能运动装置竞赛金牌以及50万元奖金。图1-6所示为世校赛“迷宫机器人”赛项纪实照片。

赛项充分展示了人工智能与机器人学科发展的新技术成果，预示着智能运动装置技术正从智能运动装置逐步走向数字孪生技术，引领高素质技术技能型人才培养方向和职业院校专业升级，提升专业建设能力，推动赛事成果转化和产学研国际合作，搭建国际职业技术教育交流的高水平平台，助力国际职业技术院校高质量发展。

图1-6 世校赛“迷宫机器人”赛项纪实照片

思考与总结

1. 了解智能运动装置竞赛在国内外的发展历程。
2. 虚拟仿真智能运动装置的优势体现在哪些方面?

项目二 虚拟仿真技术在教学中的应用发展

学习目标

① 认识虚拟仿真技术的在教育中典型应用。

② 了解虚拟仿真实验教学优势。

③ 认识虚拟仿真技术的本质和特征。

思维导图

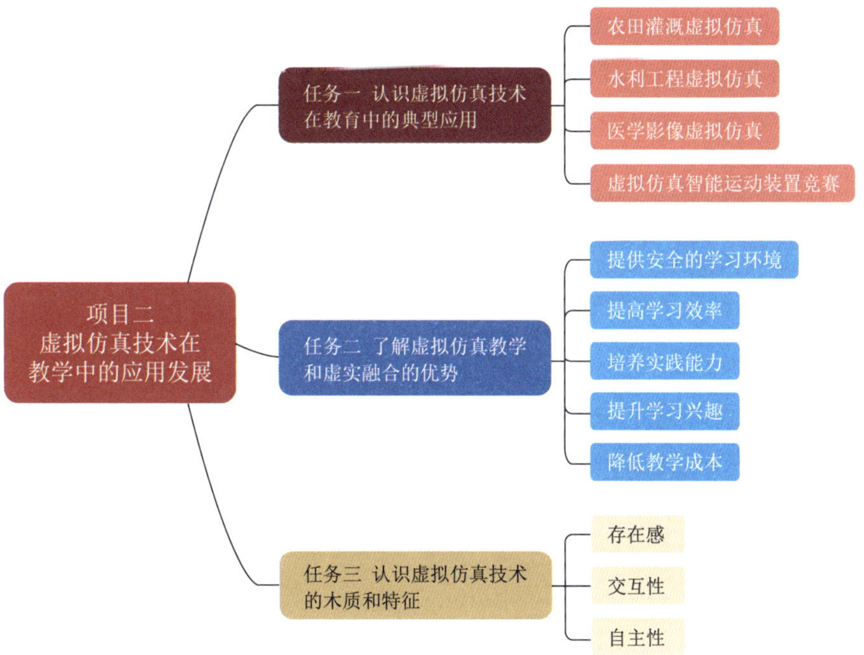

随着虚拟仿真技术的日臻成熟，在教育行政部门的积极引导和推动下，虚拟仿真实验呈现蓬勃发展态势。在新时代背景下虚拟仿真实验教学发挥着重要作用。传统授课方式重视理论讲授，实践操作没有提升到相应高度，也会导致进度不一致、实训成本过高等问题。通过虚拟仿真系统，学生可以在跟岗、顶

岗之前进行反复的模拟，帮助学生对学过的知识点进行巩固，为岗前的工作做好准备。

所谓虚拟仿真，就是用一个系统模仿另一个真实系统的技术。虚拟仿真实际上是一种可创建和体验虚拟世界的计算机系统，以仿真的方式给用户创造一个实时反映实体对象变化与相互作用的三维虚拟世界，并通过现实终端等辅助传感设备，提供给用户一个观测与该虚拟世界交互的三维界面，使用户可直接参与并探索仿真对象在所处环境中的作用与变化，产生沉浸感。

任务一　认识虚拟仿真技术在教育中的典型应用

虚拟仿真技术是在多媒体技术、虚拟现实技术与网络通信技术等信息科技迅猛发展的基础上，将仿真技术与虚拟现实技术相结合的产物，是一种更高级的仿真技术。作为前沿技术，其应用范围正逐步扩大，逐渐在人们衣食住行的各个领域产生影响。目前，应用比较成熟的领域是教育领域，尤其是职业教育领域。下面就盘点一下虚拟仿真技术在职业教育领域的四个典型应用案例。

1. 农田灌溉虚拟仿真

农田水利工程虚拟仿真技术在实践教学中的应用紧密结合农田水利类专业实践性强的特点，将农田水利工程虚拟仿真技术应用到实践教学中，如图2-1所示。

图2-1　农田灌溉虚拟仿真

2. 水利工程虚拟仿真

由于水利工程规模庞大、建筑物形式多样、机电及金属设备种类繁多，无法将实际工作方法操作搬入课堂训练。在现今的水利水电建筑工程专业中，虚拟现实（VR）得到广泛的应用，如图2-2所示。

图2-2 水利工程虚拟仿真

3. 医学影像虚拟仿真

医学影像虚拟仿真实训室整体建设主要以产学研结合理念为核心，融合开放式管理平台、VR资源、VR快速开发平台、硬件环境，打造教学体验、实训为一体的现代化、信息化的体验场所，如图2-3所示。

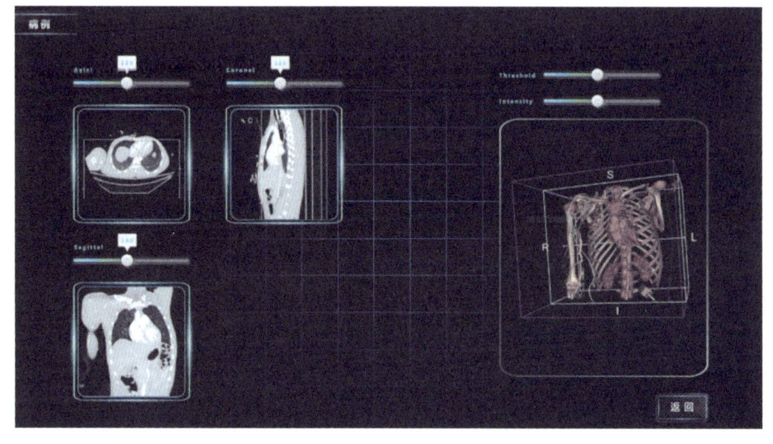

图2-3 医学影像虚拟仿真

4. 虚拟仿真智能运动装置竞赛

智能运动装置虚拟仿真系统的设计本着“教、学、做、赛”一体化，打造教学实训和线上线下相结合的竞赛模式，从演示实践教学、基本技能实训教学和综合实践竞赛三个层面为课程的实践教学提供保障。

系统部署了3D模型搭建、多传感器融合、智能算法验证、数据实时反馈等功能；提供第一视角显示，可体验身临其境的感觉；支持左手算法、右手算法、中心算法和洪水算法，可以轻松实现国际标准虚拟迷宫的搜索和最短路径的优化；解决竞赛教学场地面积有限、讲解烦琐、人力成本高、物流成本大的

痛点，并能提高学生的学习热情，形象生动地理解智能运动装置的基础理论，学习基于Python、Ubuntu、Gazebo、ROS2的编程知识。图2-4所示为虚拟仿真智能运动装置系统。

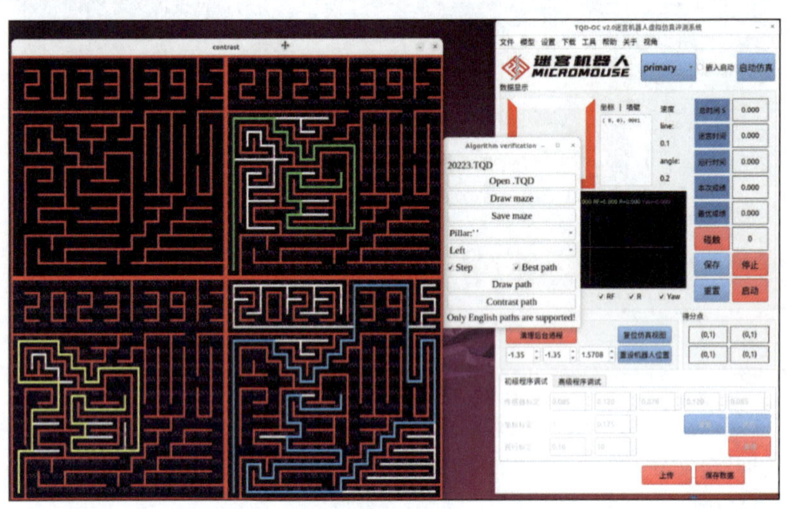

图2-4　虚拟仿真智能运动装置系统

任务二　了解虚拟仿真教学和虚实融合的优势

1. 虚拟仿真教学

（1）提供安全的学习环境

虚拟仿真教学可以在模拟环境中进行学习和实践，避免了真实场景中可能带来的风险和危险，保证了学习者的人身安全。

（2）提高学习效率

虚拟仿真教学可以让学生在虚拟环境中进行反复练习，不受时间、地点的限制，从而提高了学习效率。

（3）培养实践能力

虚拟仿真教学可以让学生在虚拟环境中进行实验操作和场景模拟，可以培养学生的实践能力。

（4）提升学习兴趣

虚拟仿真教学以真实情境为基础，将学生置身于学习场景中，让学习变得更加有趣和生动。

（5）降低教学成本

虚拟仿真教学可以降低教学成本，减少实验设备和材料的消耗，同时也能够提高资源利用效率，减少资源浪费。

2. 虚实融合教学

近年来，因为网络和信息技术的快速发展，虚实融合教学成为课堂教学的一种新型方式。虚实融合实验教学一般遵循以下原则：以虚验实——实验技能操作基础型试验；以虚补实——高成本、高消耗大型活动综合实验；以虚代实——高危或极端环境不方便开展的实验，如图2-5所示。

图2-5　虚拟仿真教学原则

虚实融合教学是指在教学过程中，将现实课堂活动与虚拟网络活动相结合，使学生在接受实际课堂教学的同时，还能够在网络上接受虚拟课堂教学，从而实现真实环境和虚拟环境的融合。

虚实融合教学的优点：

（1）提高教学效果

虚实融合教学有助于拓宽学生的学习视野，教师可以通过课堂教学和网络教学，更好地联系学生的学习内容。这样可以增强学生的学习兴趣，得到更好的教学效果。

（2）提升学习质量

虚实融合教学可以有效激发学生的学习兴趣，促进学生的自主学习，提升学生的学习质量，为他们的未来学习打下基础。

（3）扩大学习资源

虚实融合教学可以有效利用网络教学的特点，利用互联网的资源，改善学习环境，扩大学习资源，丰富学习内容。

虚实融合教学将革命性地改变传统的教学模式，为学生提供更多的学习机会，不仅可以提升学习质量，还能够提高教学效率，帮助学生更好地实现自身的发展。本书所涉及的TQD-MicromouseOCv2.0虚拟仿真系统在使用中，同样遵循虚实结合的原则，智能运动装置竞赛构建了线上线下相结合、虚拟仿真与现实互动的混合竞赛模式，从智能运动装置竞赛的内容与方式方法上创新竞赛新形态，激发学生新活力，以数字化转型赋能高等教育和职业教育高质量发展。

任务三　认识虚拟仿真技术的本质和特征

从本质上说，虚拟现实就是一种先进的计算机用户接口，它通过给用户同时提供诸如视、听、触等各种直观而又自然的实时感知交互手段、最大限度地方便用户的操作，从而减轻用户的负担、提高整个系统的工作效率。

重要特征包含以下三点：

① 存在感：又称临场感，是指用户感到作为主角存在于模拟环境中的真实程度。以虚拟仿真智能运动装置为例，3D虚拟仿真提供智能运动装置第一视角，使用者可以在计算机中直观地感受到智能运动装置的运行状态，这就是存在感。

② 交互性：指用户对模拟环境内物体的可操作程度和从环境得到反馈的自然程度（包括实时性）。以虚拟仿真智能运动装置为例，3D虚拟仿真评测系统中，当使用者给予智能运动装置的速度过快、机器人在转弯时也会发生侧翻，这与自然环境中的受力情况及结果几乎完全相同，这就是交互性。

③ 自主性：指虚拟环境中物体依据物理定律动作的程度。例如，当受到外力的推动时，物体会向力的方向移动，或翻倒，或从桌面落到地面等。以虚拟仿真智能运动装置为例，在3D虚拟仿真评测系统中，迷宫地图如果不处于水平位置，机器人会因自身重力发生偏移，符合真实环境物理定律，这就是自主性。

综上所述，虚拟仿真实验教学，是推进现代信息技术融入实验教学项目、拓展实践竞赛内容广度和深度、延伸教学竞赛时间和空间、提升教学质量和竞赛水平的重要举措。

思考与总结

1. 虚拟仿真技术可以应用在生活中的哪些方面？有哪些优势？
2. 除了介绍的虚拟仿真技术重要特性外，你还知道哪些其他特性？

项目三 虚拟仿真智能运动装置竞赛

学习目标

了解国内、国外虚拟仿真智能运动装置竞赛。

思维导图

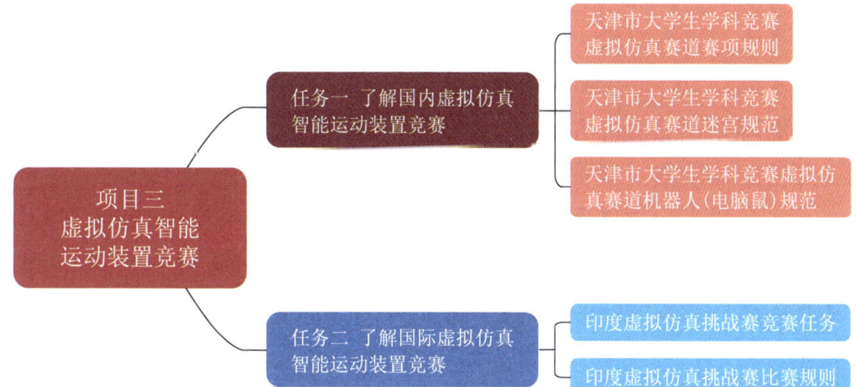

近年来，虚拟仿真教学竞赛已经成为当今教育界的热门话题。作为一种新型的竞赛教学手段，虚拟仿真教学不仅可以打破时空限制，还能够提供真实的操作体验和生动的视觉效果，成为学习的新潮流。这种竞赛和教学方法能够为学生提供更加真实的体验，使学生对知识点的理解更加深入。

任务一　了解国内虚拟仿真智能运动装置竞赛

为进一步深化实践教学改革，培养大学生的创新能力、实践能力、团队协作精神，促进学科交叉、产教融合，培养满足社会需求的复合型人才，按照《天津市教委关于举办大学生学科竞赛活动相关事宜的通知》（津教政办〔2023〕23号），举办2023年“启诚杯”第十二届天津市大学生人工智能电脑鼠竞赛。竞赛分为古典电脑鼠赛项和虚拟电脑鼠（智能运动装置）赛项。这是

虚拟仿真智能运动装置赛项第二次走进省部级官方赛事。

2022年“启诚杯”第十一届天津市大学生人工智能电脑鼠竞赛，首次增加了虚拟电脑鼠（智能运动装置）赛项，当时来自南开大学、天津大学、天津工业大学、天津理工大学、中国民航大学等16所普通高校的294支参赛队，900余名师生参加了“古典电脑鼠”和“虚拟电脑鼠”两个赛道的比赛。天津市教委高教处处长、南开大学教务部部长、南开大学电子信息与光学工程学院书记、天津启诚伟业科技有限公司总经理等相关专家领导出席开幕仪式。

天津市教委高教处处长表示，高等教育已经驶入智能化发展的“快车道”，高校更多地把新一代信息技术、人工智能、3D虚拟仿真、数字孪生等前沿技术应用到教育和竞赛中，从而实现以学科竞赛促创新发展，使大学生知识获取的效率、质量、精准度得到进一步提升。人工智能电脑鼠竞赛构建线上线下相结合的虚拟仿真与现实互动的混合竞赛模式，从学科竞赛内容与方式方法上创新竞赛形态，激发大学生创新活力，以数字化转型赋能高等教育高质量发展。深入探索“以赛促教、以赛促学、学赛结合”的新模式，以产教融合、校企合作为支撑，为教育数字化转型贡献天津方案。

本次竞赛冠名赞助单位天津启诚伟业科技有限公司连续12届赞助支持电脑鼠（智能运动装置）竞赛，积极为大赛保驾护航赞助提供TQD-Micromouse OCv2.0虚拟仿真平台供选手使用。

这款竞赛平台的优势是，虚拟仿真系统不受环境影响、性价比高、观赏性强、仿真度高、开放性好，提供各类模型、平台的高精度复原、特性展示、虚拟运行训练等功能。仿真度高，整个系统采用真实的物理模型，结合三维设计模型，制作复杂的竞赛迷宫、实现真实竞赛实况运行，营造真实体验，为虚拟比赛起到有力指导作用。系统提供分离式和嵌入式两种启动方式，降低硬件性能依赖，有效节省系统资源。运行过程中，智能运动装置的传感器数据、速度、偏移量等实时反馈，方便进行数据分析。提供成绩记录的功能，实时显示迷宫时间和运行时间，记录最优成绩，并在竞赛结束后自动排序。支持模式切换，调试模式下，将启用控制接口，通过校正参数使智能运动装置的运行更加高效。系统部署了上传和下载功能，一键切换中英文，满足国内外选手实时同场竞技的需求。提供多类型的3D迷宫与智能运动装置模型，用户根据需求自由切换，竞赛过程更加便利。

1. 天津市大学生学科竞赛虚拟仿真赛道赛项规则

① 虚拟电脑鼠竞赛规则以古典电脑鼠竞赛规则为基础，适当调整部分内容。

② 虚拟电脑鼠竞赛使用TQD-Micromouse OCv2.0智能运动装置虚拟仿真评测系统作为竞赛平台，每支参赛队的成绩包括以下三部分：时间成绩，依据评

测系统自动记录的排障时间进行计算；得分点成绩，由裁判根据实际运行情况现场计算；模型DIY成绩，由裁判根据实际运行情况现场计算。

③ 在比赛前的规定时间内，各参赛队需要将最终的虚拟仿真竞赛包上传到竞赛网站。虚拟仿真竞赛包规范在比赛前一天的早上10点公布。

④ 比赛时，裁判在同一型号的硬件平台中，下载并运行各参赛队上传的虚拟仿真竞赛包，根据运行结果进行评分。

⑤ 竞赛的虚拟迷宫图共计三张，各参赛队需要自己制作一个虚拟电脑鼠，并编写程序，控制虚拟电脑鼠实现从起点到终点的运行。三张虚拟迷宫图在比赛前一天的早上10点公布，取三次运行的排障时间的平均值作为该参赛队的最终排障时间。注意：若某次运行未成功到达终点，则排障时间记为600 s。

⑥ 每张虚拟迷宫图各有四个得分点，根据迷宫的难易程度、得分点的位置，每个得分点会赋予不同的分值，虚拟电脑鼠通过某个得分点时即可获得相应分值。得分点的具体坐标和分值在比赛前一天的早上10点公布，取三次运行的得分点成绩的平均值作为该参赛队的最终得分点成绩，满分20分。

⑦ 虚拟迷宫图和虚拟电脑鼠有DIY要求，每完成一项，即可获得对应分值。具体的DIY要求在比赛前一天的早上10点公布，DIY成绩累加计算，满分20分。

⑧ 虚拟电脑鼠在一个迷宫中运行的总时间不超过10 min。虚拟电脑鼠从起点出发后视为一次运行开始，运行次数没有限制。

⑨ 每只虚拟电脑鼠的碰触次数最多3次，碰触0次，最终成绩奖励5 s；碰触1次，失去奖励机会；碰触2次，最终成绩惩罚5 s；碰触3次后比赛立刻结束。

⑩ 虚拟电脑鼠在运行时如果出现错误无法继续运行，碰触次数加1，可重新启动运行。

⑪ 当虚拟电脑鼠的某次运行没有任何意义时，裁判有权停止该次运行。

⑫ 虚拟电脑鼠的排障时间计算公式：排障时间=运行时间+迷宫时间/30+$(n-1)\times 5$（n为碰触次数）。

⑬ 排障时间为600 s的参赛队，时间成绩记为0分；其他各参赛队的时间成绩，按排障时间的长短升序排列，第一名100分，最后一名60分，其他参赛队等比例均分。

⑭ 所有参赛队时间成绩加权60%与得分点成绩和DIY成绩相加计为该队伍的总成绩。

2. 天津市大学生学科竞赛虚拟仿真赛道迷宫规范

① 各参赛队在统一的仿真迷宫中运行。

② 虚拟竞赛迷宫规范与古典智能运动装置竞赛迷宫规范完全一致。

3. 天津市大学生学科竞赛虚拟仿真赛道机器人（电脑鼠）规范

① 虚拟电脑鼠的最高速度不得超过0.3 m/s。

② 虚拟电脑鼠的长和宽不超过0.2 m × 0.2 m，高度不得超过0.05 m。

③ 虚拟电脑鼠可以使用里程计、激光扫描和偏航角。

④ 虚拟电脑鼠不得使用图像处理程序，一经发现，将取消比赛资格。

任务二　了解国际虚拟仿真智能运动装置竞赛

截至2023年，印度孟买理工大学连续27届举办了盛大的亚洲科技节，吸引了来自印度、澳大利亚、尼泊尔、斯里兰卡、孟加拉、中国等国家的青少年，这项活动颇具影响力。从2020年开始，科技节上增加了风靡全球的Micromoouse国际挑战赛。在首届Micromoouse国际赛上，中国代表队力克群雄，以绝对的优势包揽“金、银、铜”全部奖牌，获得印度组委会颁发的17.5万卢比奖金。2021年因为自然环境的影响，国际选手们无法参加在孟买举办的Micromoouse国际大赛，所以印度竞赛组委会研究决定将这项大赛升级为虚拟仿真Micromouse 挑战赛，如图3-1所示。

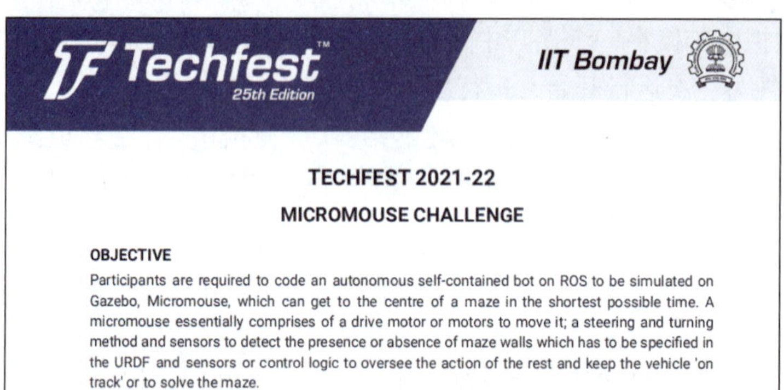

图3-1　国际虚拟仿真智能运动装置竞赛

1. 印度虚拟仿真挑战赛竞赛任务

参赛者需要基于ROS编写一个自主运行的机器人即Micromouse，以便在Gazebo上进行模拟，它可以在最短的时间内到达迷宫的终点。Micromouse应当包含一个或多个驱动电机组成的可移动结构、用于循迹和转弯的程序，以及用于检测迷宫墙壁有无的传感器。这些功能必须在URDF（unified robot description format，统一机器人描述格式）和传感器或控制逻辑中指定，以监控Micromouse的所有动作，实现循迹运行和迷宫求解。图3-2所示为虚拟仿真系统第二视角图。

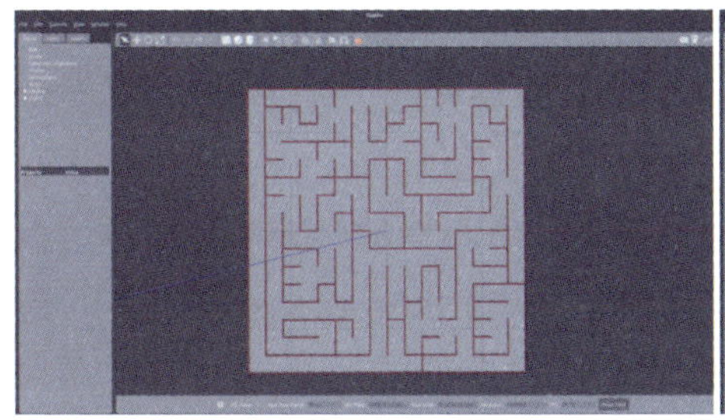
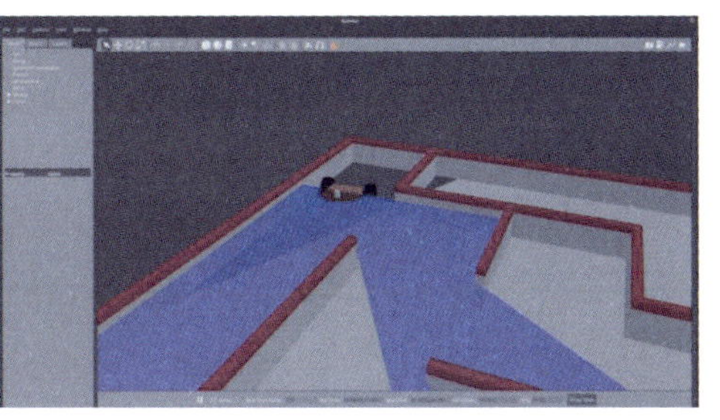

图3-2　虚拟仿真系统第二视角图

2. 印度虚拟仿真挑战赛比赛规则

① 参赛者必须在决赛的前两天向组委会提交程序代码。

② 每支参赛队上场后，操作员有3 min的时间可以对Micromouse进行传感器校准，但不允许选择策略，也不允许向Micromouse中传输任何迷宫信息，否则将被立即取消参赛资格。

③ 在3 min的传感器校准后，每只Micromouse有7 min可以在迷宫中运行。计时将在3 min的校准时间结束后自动开始，即使操作员还未完成传感器校准。

④ 在运行时对Micromouse所做的任何调整都包含在7 min内。

⑤ Micromouse从起点到终点所花费的时间称为“运行时间”，从终点返回起点的时间不计算在“运行时间”之内。Micromouse从第一次激活（校准完成或校准时间结束后，以较短者为准）到每次运行开始所花费的时间称为“迷宫时间”或“搜索时间”。如果Micromouse在比赛期间需要手动辅助，则视为“碰触”。裁判基于“运行时间”、“迷宫时间”和“碰触”这三个参数进行评分。

⑥ 每只Micromouse最多可以运行七次。

⑦ Micromouse的启动过程应该简单，不得向操作员提供策略选择。例如，当搜索结束时，快速冲刺到终点的决定必须由Micromouse自身做出。启动程序应在比赛当天签到时提交给评委。

⑧ 不要对迷宫所在环境中能存在的阳光、白炽灯光或荧光灯光做出任何假设。计分系统将在Micromouse前边缘越过起始线时启动，并在Micromouse前边缘越过终点线时停止。起始线位于起点单元格和下一个单元格之间的交界处。终点线在终点区域的入口处。

⑨ Micromouse每次离开起点均视为一次运行的开始。如果在某一次运行中Micromouse没有到达终点，则此次运行将被丢弃。例如，Micromouse在到达终点前再次进入了起点，即上一次运行没有到达终点，则上一次运行将被丢弃；

在Micromouse离开起点时，计分系统将重新开始计时。

⑩ Micromouse在到达终点后，如果运行的总时长允许，可以继续在迷宫中搜索。

⑪ 如果Micromouse在到达终点后继续搜索，所花费的时间不计算在“运行时间”之内，但仍然计算在7 min的总时长中。当Micromouse再次离开起点时，将开始新的一次运行。因此，为了取得更好的“运行时间”，建议Micromouse尝试多次运行，前提是自主地返回起点，而非操作员辅助。

⑫ 组委会保留要求操作员对Micromouse进行任何解释的权利。组委会有权停止运行、取消参赛资格或酌情发出指示的权利。例如，某只Micromouse的继续运行将破坏迷宫的结构。

虚拟仿真智能运动装置国际和国内青少年比赛作为一种新兴的竞技方式，在推动技术创新方面起到了积极的作用。虚拟仿真智能运动装置比赛是一种教育和培训的手段，能够激发参与者的创造力和解决问题的能力。同时，还是一个交流和学习的平台，不同团队之间的合作与竞争，促使技术的进步与创新。

这项竞赛有难度、有挑战性，要求首先要对机器人的概念有一定程度的了解，并且从专业的角度去研究学习和分析。只有掌握和理解透彻了机器人的相关知识，才能更好地学习这些虚拟仿真技术和知识，这是一个非常重要的前提条件。如果忽略了这一点，一上来就直接学习虚拟智能运动装置平台，学生就会学得不知所以然，很难接受和理解。正确的教学策略应该是先通过了解现实智能运动装置的基本特性，再将其融入虚拟机器人竞赛中，结合例子和情景去学习就一定会事半功倍。随着科技的快速进步，虚拟仿真机器人比赛已经成为一个重要的领域。它不仅为青少年提供了一个展示自己才华的机会，也为技术的创新与发展注入了新的动力。

思考与总结

1．国内虚拟仿真赛道的赛项规则是什么？虚拟仿真赛道机器人最多有几次触碰？

2．设计制作虚拟仿真赛道机器人的规范需要注意什么？

第一篇 智能运动装置虚拟仿真基础

作为Linux发行版中的后起之秀，Ubuntu在短短几年时间里便迅速成长为从Linux初学者到实验室用计算机/服务器都适合使用的发行版。由于Ubuntu是开放源代码的自由软件，用户可以登录Ubuntu的官方网站免费下载该软件的安装包。因此，在深入探讨智能运动装置虚拟仿真基础之前，需要先了解即将使用的操作系统Ubuntu。第一篇将专注于从Ubuntu系统简介、系统安装、基本操作和用户界面进行详细的介绍。

项目四 了解Ubuntu系统

学习目标

① 了解Ubuntu系统。
② 学习安装Ubuntu系统。
③ 体验Ubuntu系统。

思维导图

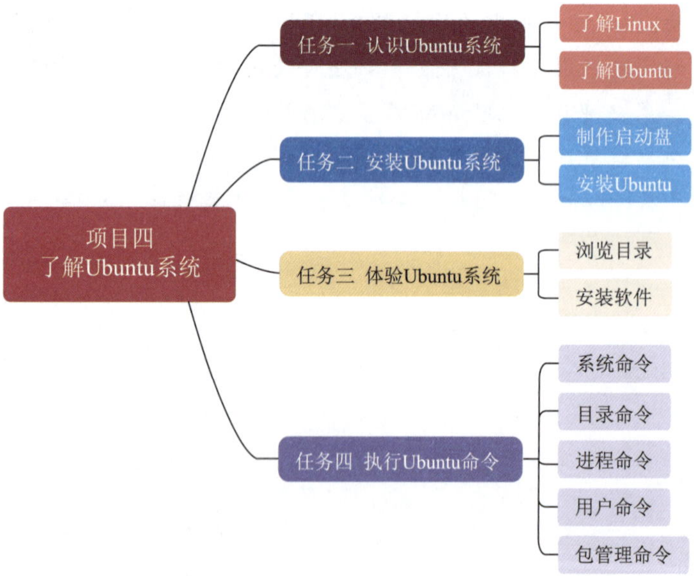

- 项目四 了解Ubuntu系统
  - 任务一 认识Ubuntu系统
    - 了解Linux
    - 了解Ubuntu
  - 任务二 安装Ubuntu系统
    - 制作启动盘
    - 安装Ubuntu
  - 任务三 体验Ubuntu系统
    - 浏览目录
    - 安装软件
  - 任务四 执行Ubuntu命令
    - 系统命令
    - 目录命令
    - 进程命令
    - 用户命令
    - 包管理命令

任务一 认识Ubuntu系统

1. 了解Linux

Linux一般指GNU/Linux（GNU指操作系统，单独的Linux内核并不可直接使用，一般搭配GNU套件，故得此称呼），是一种免费使用和自由传播的类

UNIX操作系统，其图标如图4-1所示。Linux内核由林纳斯·本纳第克特·托瓦兹（Linus Benedict Torvalds）于1991年10月5日首次发布，它主要受到Minix和UNIX思想的启发，是一个基于POSIX的多用户、多任务、支持多线程和多CPU的操作系统。它支持32位和64位硬件，能运行主要的UNIX工具软件、应用程序和网络协议。

图4-1　Linux系统图标

Linux继承了UNIX以网络为核心的设计思想，是一个性能稳定的多用户网络操作系统。Linux有上百种不同的发行版，如基于社区开发的Debian Linux、Arch Linux，以及基于商业开发的Red Hat Enterprise Linux、SUSE Linux、Oracle Linux等。

2. 了解Ubuntu

Ubuntu是一种基于Debian Linux发行版的自由及开源的操作系统。它主要是为了个人计算机及移动设备而设计，因此被认为是最受欢迎的Linux操作系统之一。Ubuntu提供了各种各样的功能，包括开发和编程工具、游戏娱乐，以及图形处理和音视频编辑等。它也不断地更新和维护，对用户友好，因而得到了广大用户的喜爱。图4-2所示为Ubuntu 22.04的桌面

图4-2　Ubuntu 22.04 的桌面

Ubuntu拥有众多的版本，命名规则是Ubuntu **.**，前两位数字为发行时的年份，后两位为发行的月份，中间以一个英文小数点隔开。

Ubuntu每六个月发布一个非 LTS 版本，每两年发布一个LTS版本。LTS意思是长期支持，非LTS版本主要是为了测试一些新特性和bug等；LTS版本有五年的维护时间，官方会对这个版本进行持续性的维护和更新。

例如，Ubuntu 22.04 LTS就是一个长期维护版本，而Ubuntu 22.10则为新特性版本（包括新的默认壁纸、新的桌面环境和新的安装程序，它还提供了一个新的“声音设置”应用程序，用于管理音频设备和调整音频设置）。本书所述内容，均基于Ubuntu 22.04 LTS。

任务二　安装Ubuntu系统

Ubuntu系统镜像文件可以通过搜索引擎获取，推荐选择官方提供的纯净版镜像文件。

1. 制作启动盘

镜像文件下载完成后，在搜索引擎中搜索并下载Ubuntu官方推荐的启动盘制作工具Rufus。Rufus软件下载后无须安装，即开即用。各项设置如图4-3所示，单击“开始”按钮，等待制作完成。

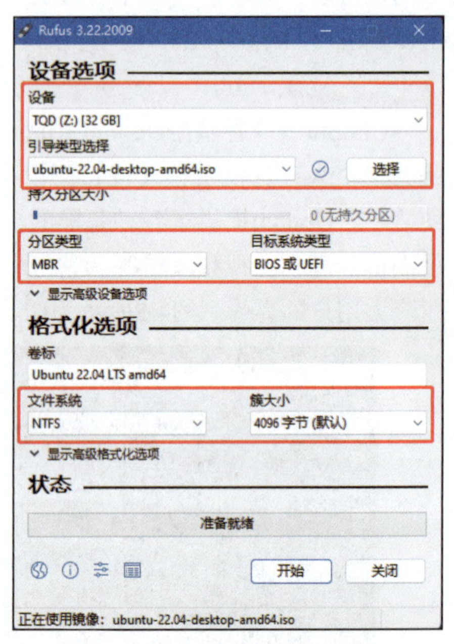

图4-3　Rufus设置

2. 安装Ubuntu

使用Rufus制作启动盘完成后，关闭计算机。将启动盘插入计算机，设置BIOS，将第一个启动方式设置为USB启动。

不同品牌的计算机进入BIOS的方式不同，请自行搜索。设置完毕后，保存并重启计算机，就会进入启动盘。

选择第二项Install Ubuntu（见图4-4），安装Ubuntu系统。

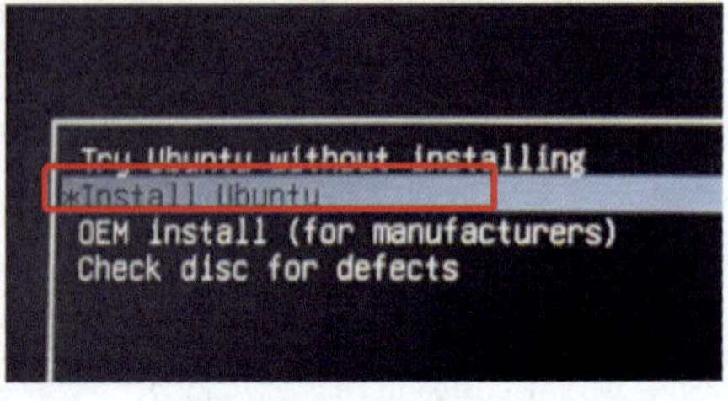

图4-4　进入启动盘

安装的过程比较简单，在选择安装类型时需要注意区分是覆盖原来的系统还是安装双系统。

如果安装双系统，就选择第一项“安装Ubuntu，与Windows Boot Manager共存”（见图4-5）；如果覆盖Windows，就选择第二项“清除整个磁盘并安装Ubuntu”。

单击“继续”按钮，在最后设置用户名和密码，即可完成安装。

图4-5 安装类型选择

任务三 体验Ubuntu系统

Ubuntu系统安装成功后就可以进入系统进行体验了。

1. 浏览目录

与Windows相似，Ubuntu 22.04 LTS集成桌面环境，可以像在Windows中一样进行鼠标的各项操作，如图4-6所示。

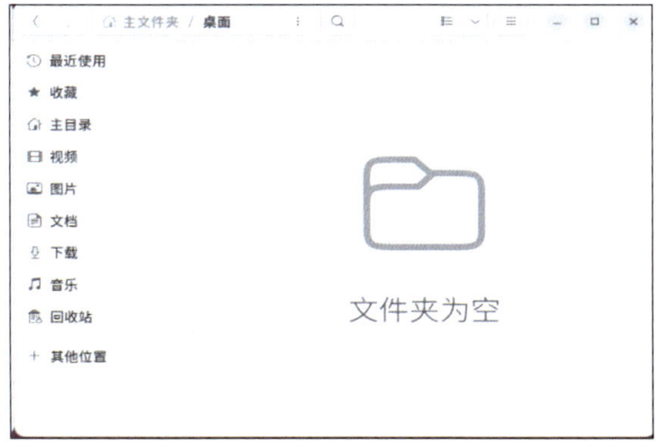

图4-6 桌面目录

视频

体验Ubuntu系统

Ubuntu的文件夹提供侧边栏显示，可以快速地跳转目录。

在Ubuntu中，用户的主要操作目录是主目录，在其中可以创建文件夹和各种类型的文件，如图4-7所示。

若需要查看系统文件，需要依次单击“其他位置”→“计算机”，进入系统文件目录，如图4-8所示。

图4-7 新建文件夹

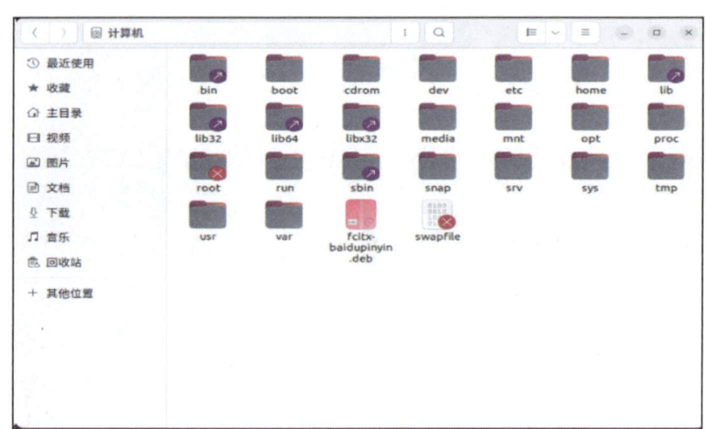

图4-8 系统文件目录

2. 安装软件

Ubuntu系统集成了很多常用的软件，如浏览器、LibreOffice、文本编辑器、文档扫描仪，用户也可以根据需要额外安装自己喜欢的软件，如图4-9所示。

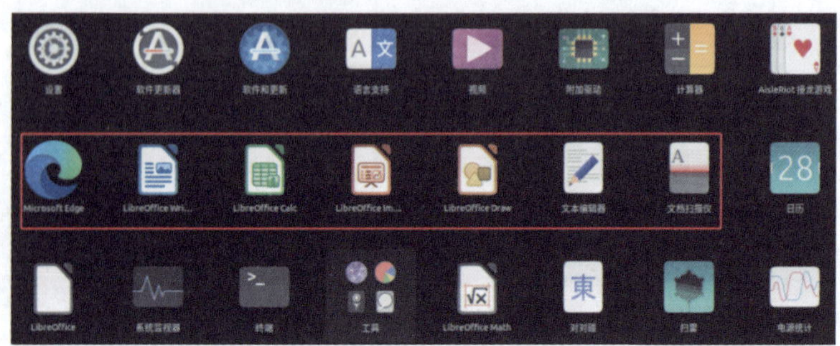

图4-9 安装软件

Ubuntu系统内置Ubuntu Software，包含大量实用软件，涵盖聊天工具、视频软件、浏览器、图形图像和编程开发等方面。直接在搜索栏中搜索关键字就可以获取并安装软件，如图4-10、图4-11所示。

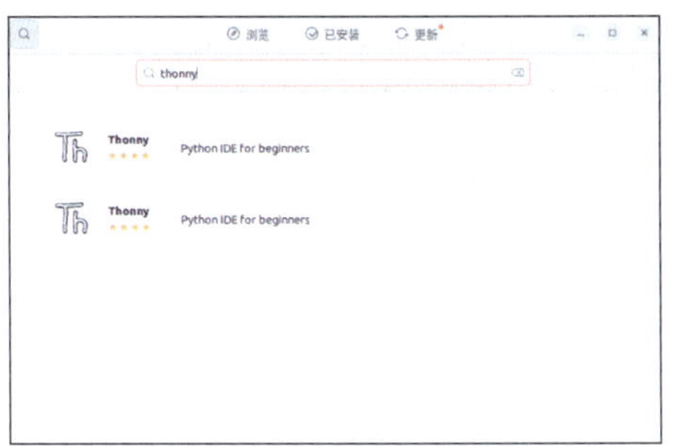

图4-10　搜索软件

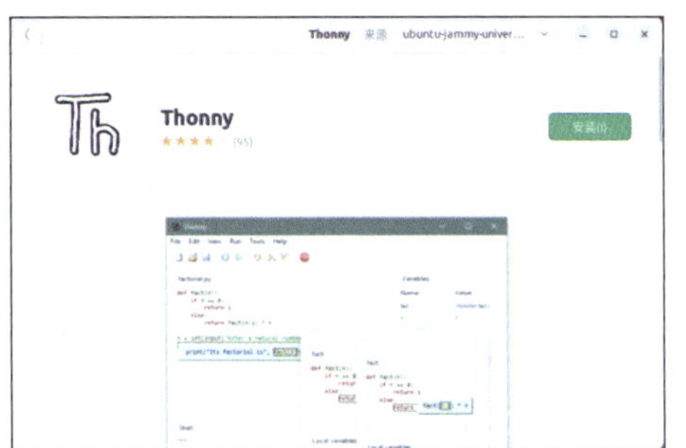

图4-11　安装软件

任务四　执行Ubuntu命令

Ubuntu不仅有非常优秀的图形化桌面，还可以通过命令行进行各种高级操作。右击任意目录，选择“在终端中打开”命令，或按【Ctrl+Alt+T】组合键，即可启动终端，如图4-12所示。

在终端输入命令后，按【Enter】键执行命令，如图4-13所示。

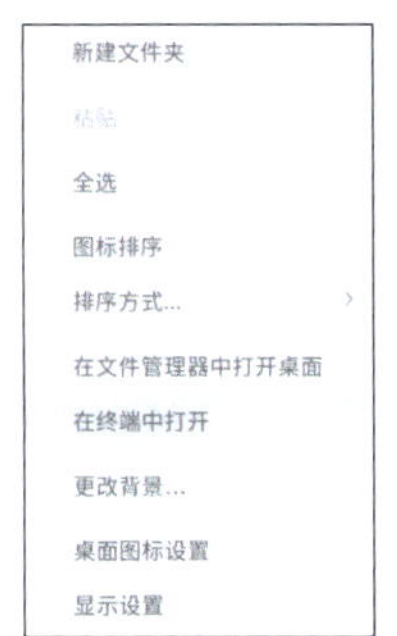

图4-12　右键菜单

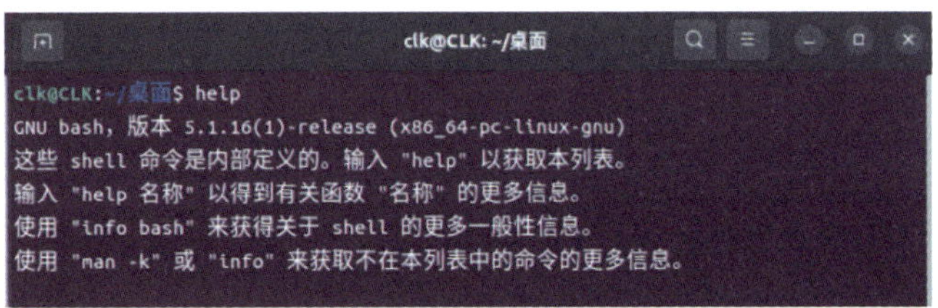

图4-13　执行命令

1. 系统命令

系统中各命令及描述见表4-1。

表4-1　系统命令中各命令及描述

命　令	描　述
shutdown	关机
poweroff	关机
reboot	重启

（1）关机命令

常用的关机命令有shutdown和poweroff。在终端输入shutdown命令，如图4-14所示。

图4-14　shutdown命令

系统将在1 min后自动关机。

同时，shutdown命令还有很多参数可以添加，可以实现多种功能，如图4-15所示。

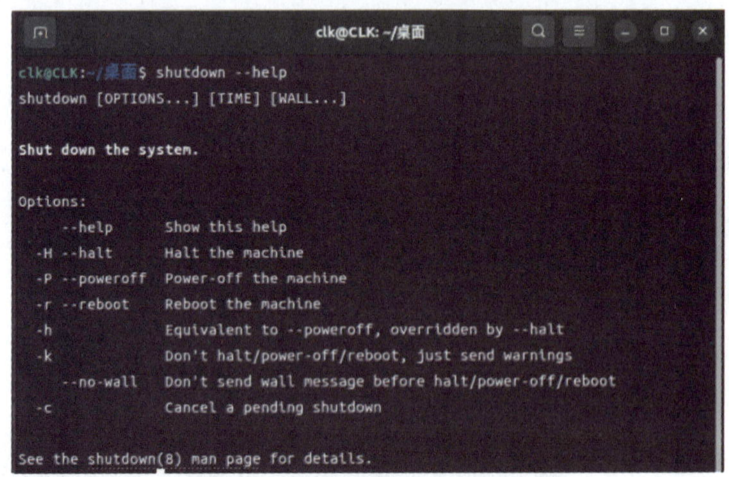

图4-15　shutdown命令参数

（2）重启命令

重启计算机除了使用shutdown -r命令外，还可以使用reboot命令，如图4-16所示。执行reboot命令后，系统不会询问，将直接重启。

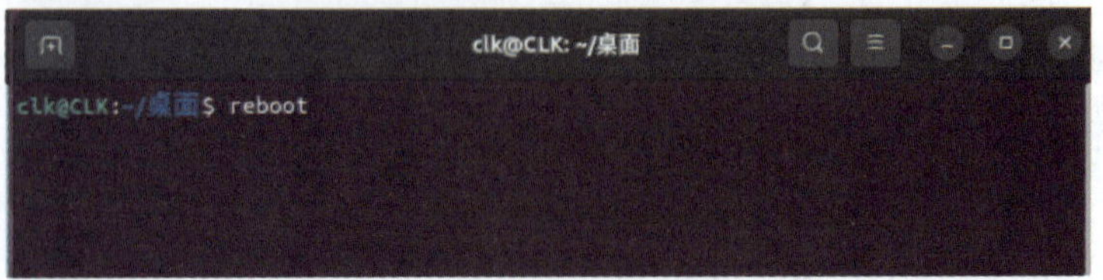

图4-16　reboot命令

2. 目录命令

目标命令中，各命令及描述见表4-2。

表4-2　目标命令中各命令及描述

命　令	描　述
pwd	显示工作路径
cd	切换shell工作目录
ls	显示当前工作目录中的内容
touch	修改文件的访问时间和修改时间，若文件不存在，会自动创建
mkdir	创建目录命令
rm	删除文件或目录

（1）工作目录命令

使用pwd命令显示当前的工作目录。尤其在使用相对路径时，时刻检查当前工作目录是非常有必要的，如图4-17所示。

图4-17　pwd命令

使用cd命令可以切换工作目录，如图4-18所示。

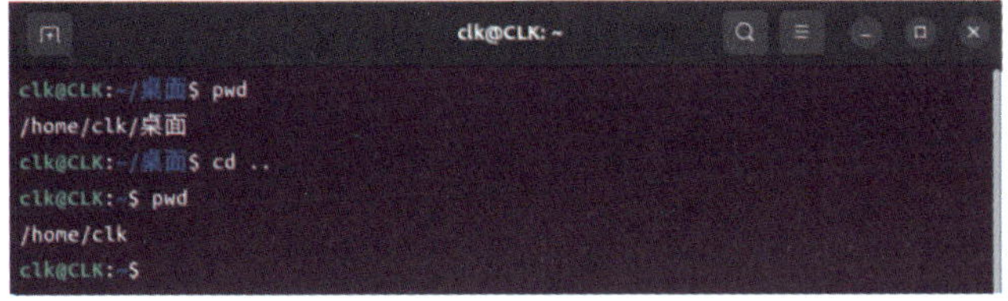

图4-18　cd命令

在使用cd命令切换目录时，有很多种使用方式，各命令及描述见表4-3。

表4-3　cd命令切换目录时各命令及描述

命　令	描　述
cd path	进入当前目录下的某个文件夹，可以是完整地址
cd ../ cd ..	切换到上一级目录，两个均可
cd ../..	切换到上两级目录
cd /	切换到当前盘符根目录
cd -	切换到上次访问的目录
cd ～	切换到用户home目录
cd /user	切换到user目录

使用ls命令显示当前工作目录中的内容，如图4-19所示。

图4-19 ls命令

同样，ls命令有很多额外参数可供使用，使用ls --help获取详细信息。

（2）增删改查命令

创建文件夹还可以使用mkdir命令，如图4-20所示。

图4-20 mkdir命令

在当前工作目录中将新增一个demo文件夹。

Ubuntu中创建文件时无法直接通过鼠标右键菜单创建，需要使用touch命令创建如图4-21所示。

图4-21 touch命令

执行完毕后，在当前工作目录中将新建一个readme.txt文件。使用rm命令删除无用的文件或文件夹，如图4-22所示。

图4-22 rm命令

3. 进程命令

进程命令中各命令及描述见表4-4。

表4-4 进程命令中各命令及描述

命　令	描　述
ps	显示当前进程
top	实时显示系统中各个进程的资源占用状况，类似于Windows的任务管理器
kill	终止指定的进程

（1）ps命令

在运行程序时经常需要对进程进行管理，使用ps命令查看当前进程。ps用于将某个时间点的进程运行情况选取下来并输出，如图4-23所示。

图4-23　ps命令

ps命令还支持非常多的参数，以实现不同的显示。这里仅列出一些常用的UNIX风格参数中常用参数及描述，见表4-5。

表4-5　UNIX风格参数中常用参数及描述

常用参数	描　　述
-a	显示所有终端执行的进程，包括其他用户的进程
-A	显示所有进程，无论是不是终端上的
-e	同-A
-x	显示所有没有控制终端的进程
-f	增加显示UID、PPIP、C与STIME列
-h	不显示列名
-u	增加显示USER、%CPU、%MEM等内存的使用情况、COMMAND等
-l	长格式，较详细地将PID的信息列出
-w	使用宽阔的输出

选择表4-5中的“-u”“-a”命令，生成并执行“ps-ua”命令，如图4-24所示。

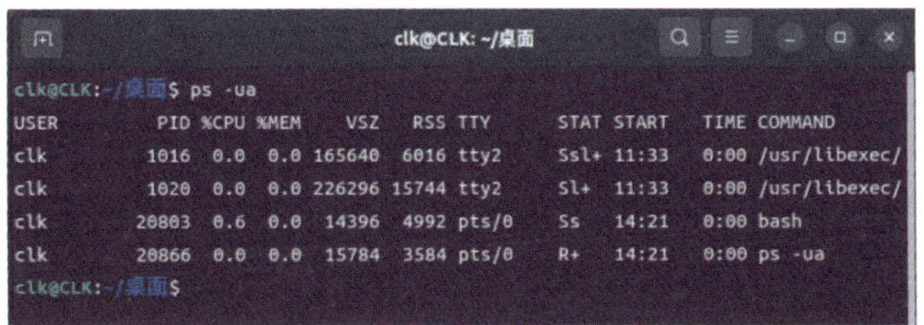

图4-24　ps -ua命令

（2）top命令

top命令是Linux下常用的性能分析工具，能够实时显示系统中各个进程的资源占用状况，类似于Windows的任务管理器，如图4-25所示。

（3）kill命令

当某个进程产生错误，需要手动结束时，可以使用kill命令，如图4-26所示。

图4-25 top命令

图4-26 kill命令

执行命令后，系统将尝试结束指定ID的进程。kill命令默认发送SIGTERM信号，也可以通过其他参数指定发送其他信号，见表4-6、表4-7。

表4-6 常用参数及描述

常用参数	描　述
-l	列出所有信号声明及其信号编号
-a	当处理当前进程时，不限制命令名和进程号的对应关系
-p	指定kill 命令只打印相关进程的进程号，而不发送任何信号
-s	发送指定的信号声明
-u	指定用户

表4-7 常用信号声明及描述

常用声明	信号编号	描　述
SIGHUP	1	终端断线
SIGINT	2	中断（同 Ctrl + C）

续表

常用声明	信号编号	描　　述
SIGQUIT	3	退出（同【Ctrl + \】）
SIGTERM	15	终止
SIGKILL	9	强制终止
SIGCONT	18	继续（与STOP相反，fg/bg命令）
SIGSTOP	19	暂停（同【Ctrl + Z】）

4. 用户命令

用户命令及描述见表4-8。

表4-8　用户命令及描述

命　　令	描　　述
su	用户切换命令
sudo	普通用户临时具有root权限
passwd	修改密码，必须有root权限才可以修改

（1）su命令

使用命令su可以切换用户。用户的主要操作目录就是主目录，主目录与用户是一一对应的。因此，可以为不同的用户存储不同的文件，如图4-27所示。

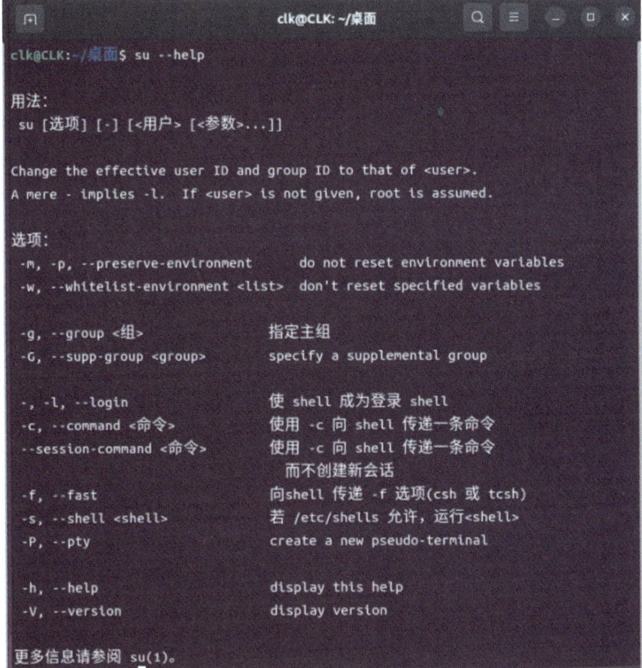

图4-27　su命令

（2）sudo命令

使用sudo命令可以让普通用户临时拥有root权限。在执行一些涉及系统安全的操作时，可能需要提供root权限，如更新系统、执行程序等，如图4-28所示。

```
clk@CLK:~/桌面$ sudo apt-get update
[sudo] clk 的密码:
命中:1 http://mirrors.huaweicloud.com/repository/ubuntu jammy InRelease
命中:2 http://mirrors.huaweicloud.com/repository/ubuntu jammy-updates InRelease
命中:3 http://mirrors.huaweicloud.com/repository/ubuntu jammy-backports InReleas
e
命中:4 https://repo.huaweicloud.com/ros2/ubuntu jammy InRelease
命中:5 http://mirrors.huaweicloud.com/repository/ubuntu jammy-security InRelease
命中:6 http://archive.ubuntu.com/ubuntu jammy InRelease
命中:7 https://packages.microsoft.com/repos/edge stable InRelease
正在读取软件包列表... 完成
```

图4-28　sudo命令

执行sudo命令后需要输入用户密码验证，验证通过后才会继续执行后续操作。

（3）passwd命令

passwd命令可用于修改用户命令，在使用时需要提供root权限，如图4-29所示。

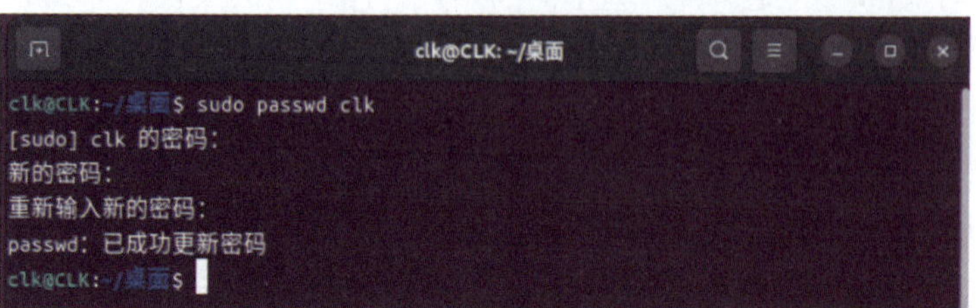

图4-29　passwd命令

5. 包管理命令

包管理命令及描述见表4-9。

表4-9　包管理命令及描述

命　令	描　述
pip	Python专用命令，用于安装第三方库
apt-get	用于从Ubuntu软件仓库中搜索、安装、升级、卸载软件

在Ubuntu系统中，除了从Ubuntu Software中安装软件，还可以使用apt-get命令直接从Ubuntu软件仓库中搜索、安装、升级软件，也可以用于卸载软件，如图4-30所示。

图4-30　apt-get命令

apt-get支持非常多的命令，常用命令及描述见表4-10。

表4-10　agt-get支持的常用命令及描述

常用命令	描　述
upda	更新源文件，并不会做任何安装升级操作
pgrad	升级所有已安装的包
nstal	安装指定的包
remov	删除指定的包
autoclean	清理无用的包

pip命令主要用于管理Python的第三方库。例如，NumPy、PySdie6、Flask等可以非常方便地使用pip命令安装，如图4-31所示。

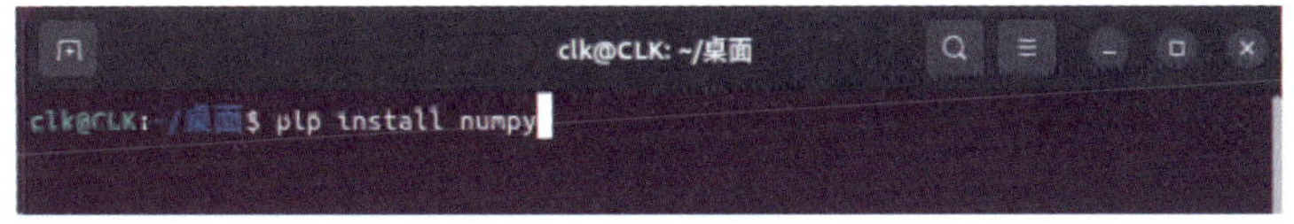

图4-31　pip命令

思考与总结

1．UNIX、Linux和Ubuntu三者有什么关系？

2．安装双系统时在安装类型页面应该如何选择？

3．相比较Windows，Ubuntu的强大之处体现在命令行上，可以使用哪些命令实现很多非常强大的功能？

项目五 了解ROS2系统

学习目标

① 了解ROS2系统。

② 学习安装ROS2系统。

③ 学习使用ROS2系统。

思维导图

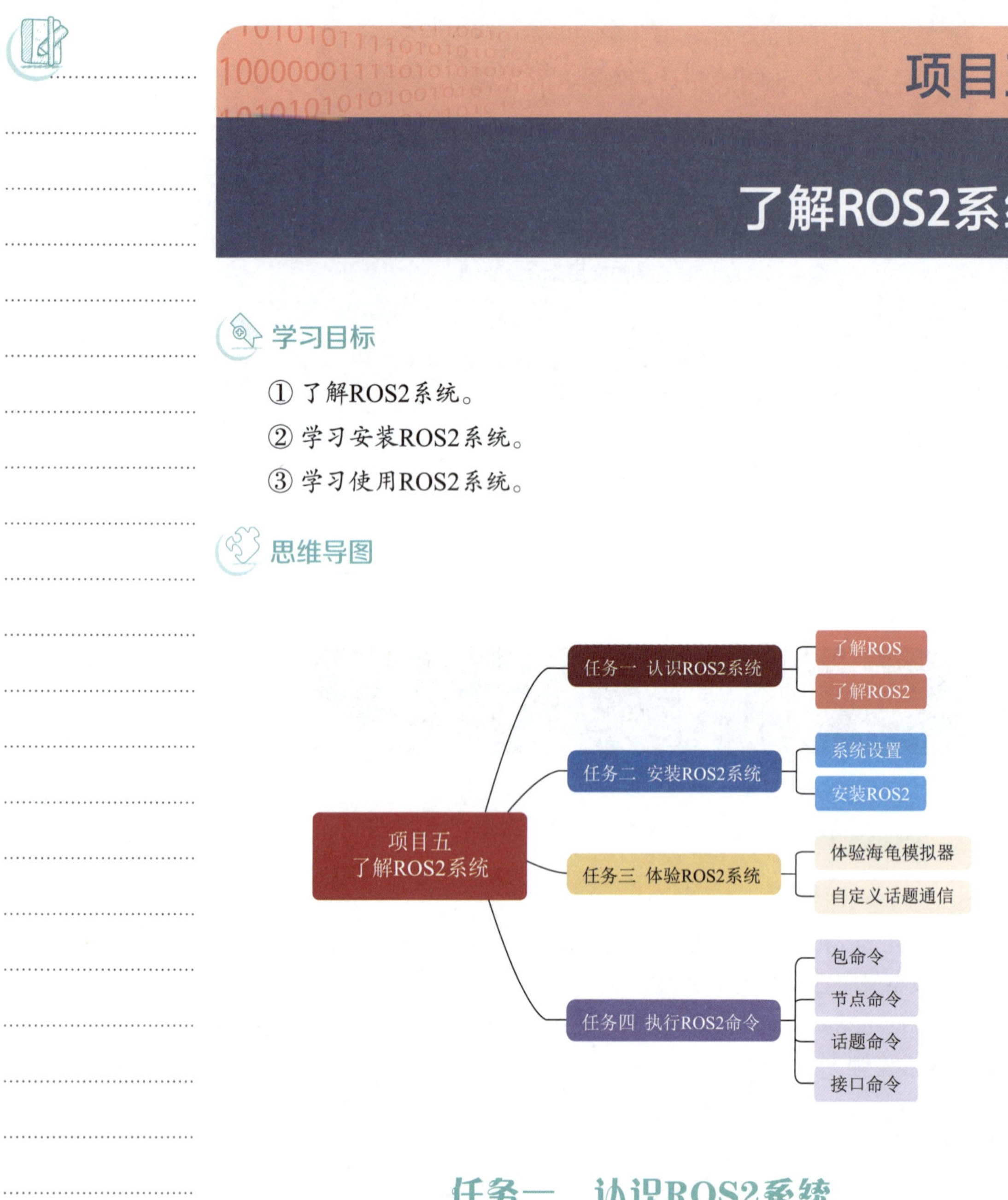

任务一　认识ROS2系统

1. 了解ROS

ROS（robot operating system，机器人操作系统），是一个面向机器人的开源操作系统，其图标如图5-1所示。它能够提供类似传统操作系统的诸多功能，如硬件抽象、底层设备控制、进程间消息传递和程序包管理等。此外，它

还提供相关工具和库，用于获取、编译、编辑代码以及在多个计算机之间运行程序完成分布式计算。ROS的运行架构是一种使用ROS通信模块实现模块间P2P的松耦合的网络连接的处理架构，它执行若干种类型的通信，包括基于服务的同步RPC（远程过程调用）通信、基于topic（话题）的异步数据流通信，以及参数服务器上的数据存储。

图5-1　ROS图标

2. 了解ROS2

ROS2是在ROS的基础上设计开发的第二代机器人操作系统，可以帮助简化机器人开发任务，其核心概念及描述见表5-1。

表5-1　ROS2的核心概念

核心概念	描　述
工作空间（workspace）	开发主目录，管理功能包的目录
功能包（package)	机器人某项功能的实现
节点（node）	机器人功能的最小单位，节点可以用作话题，亦可用作服务
话题（topic）	节点间数据传递的桥梁
服务（service）	节点间的请求服务
通信接口（interface）	数据传递的标准接口
参数（parameter）	机器人的全局参数字典
动作（action）	机器人完整行为的流程管理
分布式通信（distributed communication）	多计算平台的任务分配
数据分发服务（data distribution service，DDS）	机器人的神经网络

相比较ROS，ROS2具有以下三个最显著的特点：

（1）架构的颠覆

在ROS架构下，所有节点需要使用Master（节点管理器）进行管理，也就是说要启动节点之前，必须向ROS_Master进行注册才可以使用。

ROS2使用基于DDS的Discovery（发现）机制，不需要使用roscore（运行命令）来启动Master，直接启动节点即可。

（2）API重新设计

ROS中的大部分代码都基于2009年2月设计的API。

ROS2重新设计了用户API，但使用方法类似，ROS2可以使用Python 3。

（3）编译系统的升级

ROS使用rosbuild（原始的编译和打包系统）、catkin（现在ROS官方指定的系统）管理项目。

ROS2使用升级版的ament（创建功能包使用，作为其构建系统）、colcon（创建功能包使用，作为其编译工具）。

任务二　安装ROS2系统

ROS2对于Ubuntu系统来说属于第三方软件，无法通过Ubuntu Software获取，只能通过包管理命令进行安装。由于ROS2的官方地址连接速度较慢，因此推荐在安装前更换国内源。

1. 系统设置

更换华为源：

```
$ echo "deb [arch=$(dpkg --print-architecture)] https://repo.huaweicloud.com/ros2/ubuntu/(lsb_release -cs) main" | sudo tee /etc/apt/sources.list.d/ros2.list > /dev/null
```

安装依赖工具：

```
$ sudo apt install curl gnupg2 -y
```

添加密钥：

```
$ curl -s https://gitee.com/clk_china/rosdistro/raw/master/ros.asc | sudo apt-key add -
```

更新系统：

```
$ sudo apt-get update
$ sudo apt-get upgrade
```

2. 安装ROS2

安装ROS2 Humble：

```
$ sudo apt install ros-humble-desktop
```

安装Python依赖：

```
$ sudo apt install python3-argcomplete -y
```

为了方便使用，安装成功后还需要将ROS2加入环境变量。这样就可以在终端直接使用ROS2相关命令。

加入环境变量：

```
$ echo "source /opt/ros/humble/setup.bash" >> ~/.bashrc
```

编译立即生效：

```
$ source ~/.bashrc
```

这时，在终端输入ros2就可以看到以下输出：

```
usage: ros2 [-h] [--use-python-default-buffering]
               Call`ros2 <command> -h`for more detailed usage. ...
ros2 is an extensible command-line tool for ROS 2.
...
```

说明： ROS2 Humble已经安装并配置结束。

任务三　体验ROS2系统

1. 体验海龟模拟器

海龟模拟器是ROS2内置的一个小游戏，下面使用命令来启动。打开一个终端，输入以下命令，如图5-1所示。

视 频

体验海龟模拟器

```
$ ros2 run turtlesim turtlesim_node
```

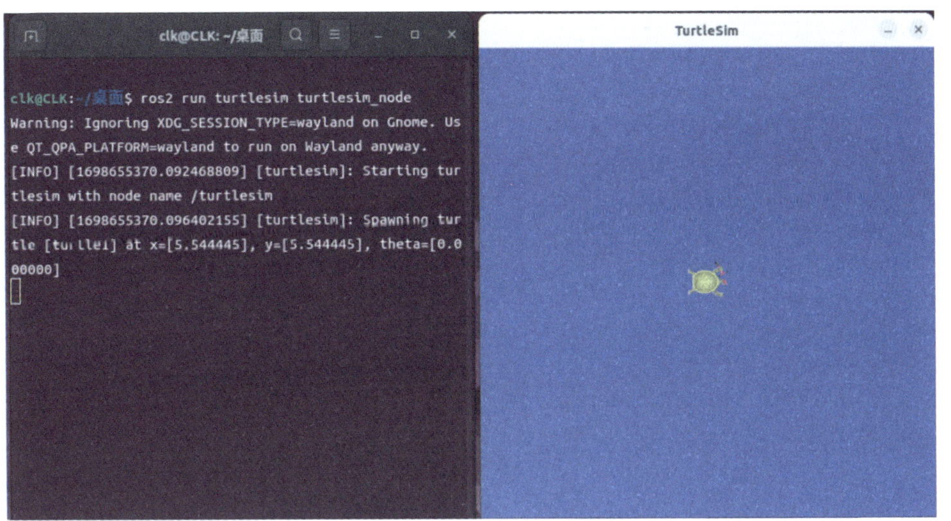

图5-1　海龟模拟器

新开一个终端，启动海龟的控制节点，如图5-2所示。

```
$ ros2 run turtlesim turtle_teleop_key
```

```
clk@CLK:~/桌面$ ros2 run turtlesim turtle_teleop_key
Reading from keyboard
---------------------------
Use arrow keys to move the turtle.
Use G|B|V|C|D|E|R|T keys to rotate to absolute orientations. 'F' to cancel a rotation.
'Q' to quit.
```

图5-2　海龟控制节点

使用上下左右箭头移动海龟，使用E/R/T/D/G/C/V/B旋转海龟，使用F停止旋转，使用Q退出。

2. 自定义话题通信

节点可以发布或接收话题，因此在这里创建两个节点，分别作为发布者与接收者进行通信。

创建一个名为publisher.py的文件，作为发布节点，向话题command发布String消息。

创建一个名为subscriber.py的文件，作为订阅节点，订阅话题command，消息类型为String。

publisher.py文件代码：

```
#!/usr/bin/env python3
import rclpy
from rclpy.node import Node
from std_msgs.msg import String
class Publishernode(Node):
    def __init__(self,name):
        super().__init__(name)
        self.count=0
        self.get_logger().info("大家好,我是{}".format(name))
        self.publisher=self.create_publisher(String,"command", 10)
        # 创建一个计时回调,计时间隔0.5 s
        self.timer=self.create_timer(0.5, self.timer_callback)
    def timer_callback(self):
        """ 计时器回调函数 """
        msg=String()
        msg.data='hello {}'.format(self.count)
        self.publisher.publish(msg)          # 发布数据
        self.get_logger().info(f'发布了指令:{msg.data}')
                                             # 打印一下发布的数据
        self.count+=1


def main(args=None):
    rclpy.init(args=args)                    # 初始化rclpy
    node=Publishernode("publisher_node")    # 新建一个节点
    rclpy.spin(node)    # 保持节点运行,检测是否收到退出指令(Ctrl+C)
    rclpy.shutdown()                         # 关闭rclpy
```

subscriber.py文件代码：

```
#!/usr/bin/env python3
```

```
import rclpy
from rclpy.node import Node
from std_msgs.msg import String
class Subscribernode(Node):
    def __init__(self,name):
        super().__init__(name)
        self.get_logger().info("大家好,我是{}".format(name))
        # 订阅话题
        self.subscribe=self.create_subscription(String,"command",
self.command_callback,10)
    def command_callback(self, msg):
        self.get_logger().info('收到消息,内容是{}'.format(msg.data))
def main(args=None):
    rclpy.init(args=args)                            # 初始化rclpy
    node=Subscribernode("subscriber_node") # 新建一个节点
    rclpy.spin(node)    # 保持节点运行,检测是否收到退出指令
(Ctrl+C)
    rclpy.shutdown()                                 # 关闭rclpy
```

打开两个终端，分别运行publisher.py和subscriber.py，运行效果如图5-3所示。

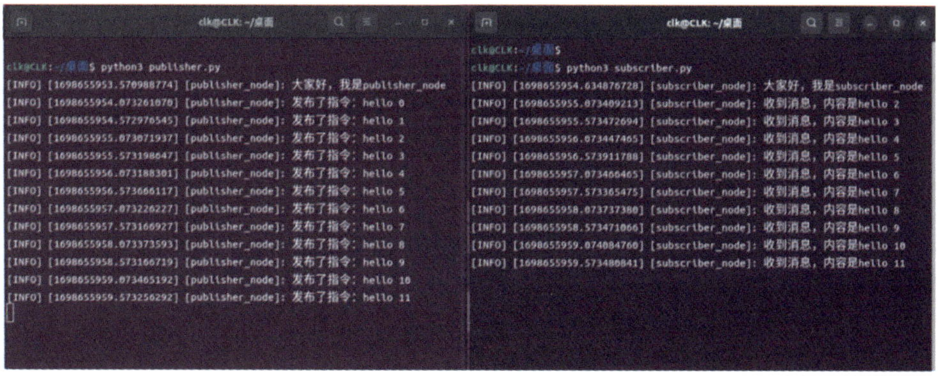

图5-3　自定义话题通信

任务四　执行ROS2命令

ROS2的功能都需要通过命令进行操作。

1. 包命令

包命令中各命令及描述见表5-2。

表5-2　包命令中各命令及描述

命　令	描　述
ros2 pkg create	创肂功能包
ros2 pkg list	列出所有的功能包
ros2 pkg executables	列出功能包的可执行文件

在使用一些开发环境（如Visual Studio、Eclipse、Qt Creator、Keil等）时，在开始编写程序之前都会创建一个工程，此时就会产生一个文件夹。针对这个工程的所有文件都会放置在这个文件夹中，这个文件夹及其里面的内容，就称为项目，如图5-4所示。

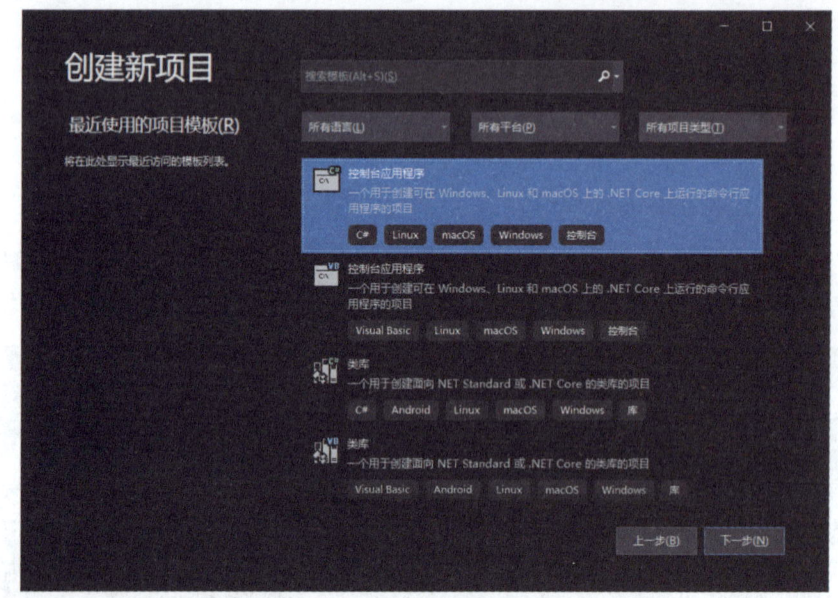

图5-4　Visual Studio创建项目

在ROS2中进行开发时，各种代码文件、参数配置文件等也需要放在一个文件夹中进行管理，这个文件夹就是一个功能包。而工作空间就是包含若干个功能包的目录，ROS2依赖工作空间去查找功能包。

（1）ros2 pkg create命令

ros2 pkg create命令可用于创建功能包，如图5-5所示。

创建完成后的pythondemo 目录结构：

```
pythondemo
├── pythondemo
|    └── __init__.py
├── package.xml
```

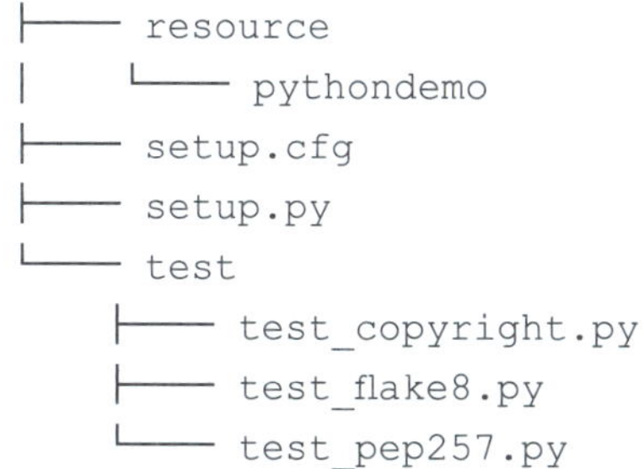

```
├── resource
│   └── pythondemo
├── setup.cfg
├── setup.py
└── test
    ├── test_copyright.py
    ├── test_flake8.py
    └── test_pep257.py

3 directories, 8 files
```

在真正使用功能包时还需要使用colcon构建。

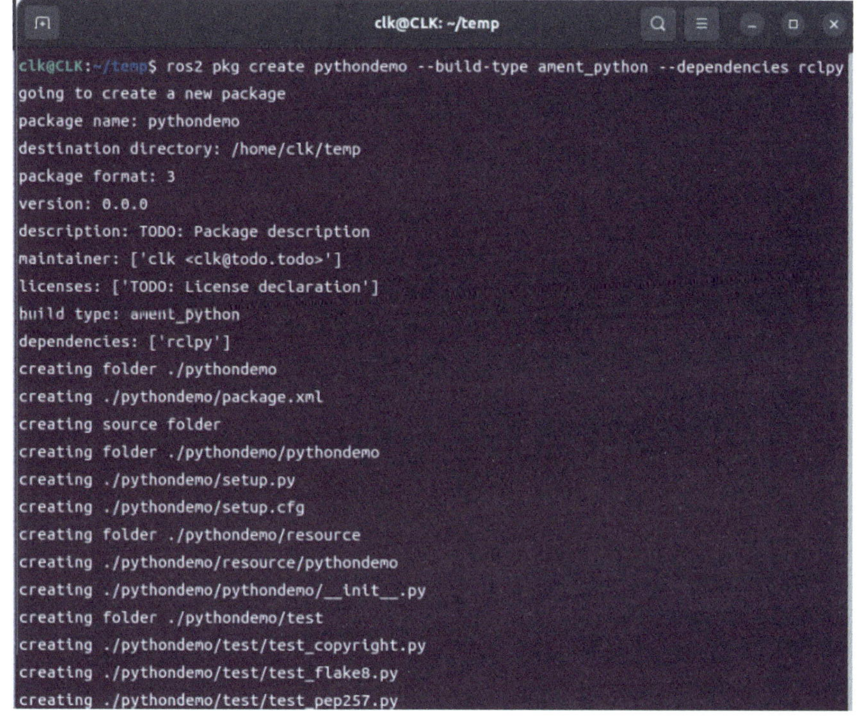

```
clk@CLK: ~/temp
clk@CLK:~/temp$ ros2 pkg create pythondemo --build-type ament_python --dependencies rclpy
going to create a new package
package name: pythondemo
destination directory: /home/clk/temp
package format: 3
version: 0.0.0
description: TODO: Package description
maintainer: ['clk <clk@todo.todo>']
licenses: ['TODO: License declaration']
build type: ament_python
dependencies: ['rclpy']
creating folder ./pythondemo
creating ./pythondemo/package.xml
creating source folder
creating folder ./pythondemo/pythondemo
creating ./pythondemo/setup.py
creating ./pythondemo/setup.cfg
creating folder ./pythondemo/resource
creating ./pythondemo/resource/pythondemo
creating ./pythondemo/pythondemo/__init__.py
creating folder ./pythondemo/test
creating ./pythondemo/test/test_copyright.py
creating ./pythondemo/test/test_flake8.py
creating ./pythondemo/test/test_pep257.py
```

图5-5　ros2 pkg create命令应用

（2）ros2 pkg list命令

ros2 pkg list命令可用于列出系统中的功能包，如图5-6所示。

（3）ros2 pkg executables命令

ros2 pkg executables命令可以列出某个功能包中的可执行节点。例如，gazebo_ros功能包是一个向Gazebo中添加实体的功能包，如图5-7所示。

执行后可以看到，gazebo_ros功能包包含两个可执行节点，是两个Python程序文件。

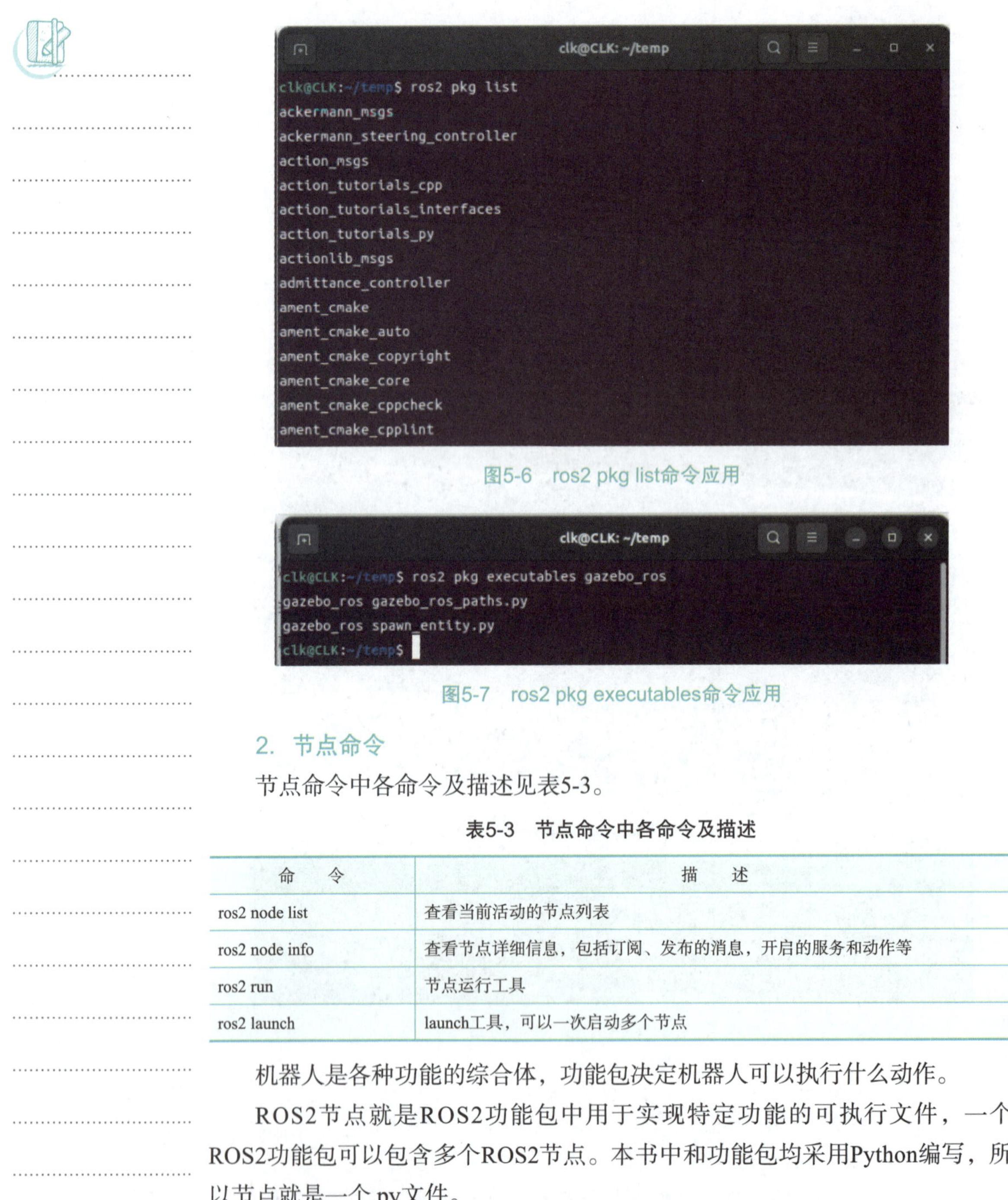

图5-6 ros2 pkg list命令应用

图5-7 ros2 pkg executables命令应用

2. 节点命令

节点命令中各命令及描述见表5-3。

表5-3 节点命令中各命令及描述

命　令	描　述
ros2 node list	查看当前活动的节点列表
ros2 node info	查看节点详细信息，包括订阅、发布的消息，开启的服务和动作等
ros2 run	节点运行工具
ros2 launch	launch工具，可以一次启动多个节点

机器人是各种功能的综合体，功能包决定机器人可以执行什么动作。

ROS2节点就是ROS2功能包中用于实现特定功能的可执行文件，一个ROS2功能包可以包含多个ROS2节点。本书中和功能包均采用Python编写，所以节点就是一个.py文件。

首先在两个终端分别启动海龟模拟器和海龟的控制节点，如图5-8所示。

```
$ ros2 run turtlesim turtlesim_node
$ ros2 run turtlesim turtle_teleop_key
```

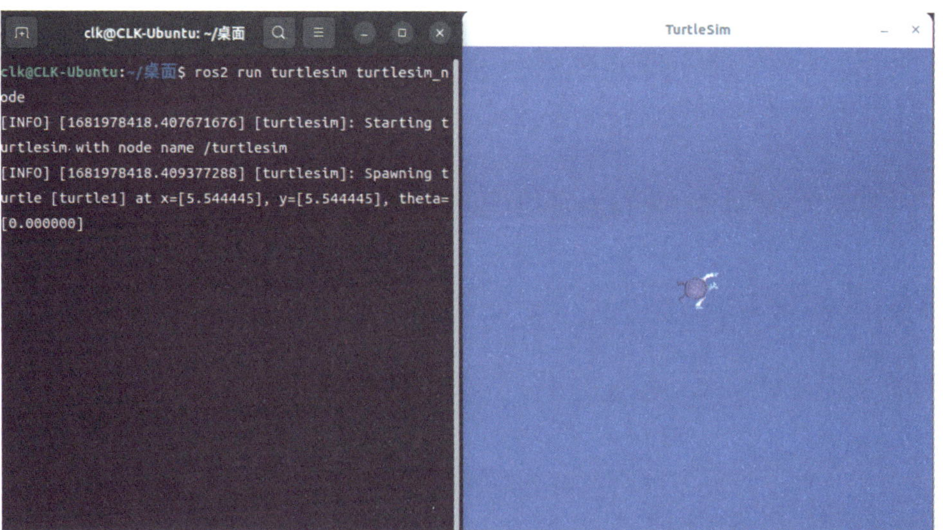

图5-8　海龟模拟器

（1）ros2 node list命令

使用ros2 node list命令查看当前活动的节点列表，如图5-9所示。

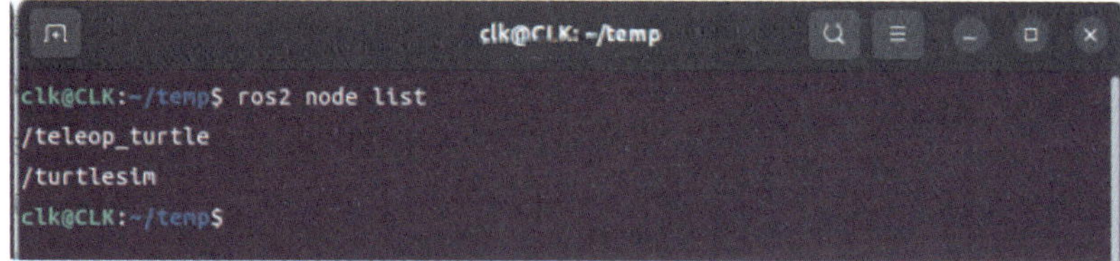

图5-9　ros2 node list命令应用

可以看到正好对应了模拟器和控制节点。

（2）ros2 node info命令

使用ros2 node info命令查看节点信息，如图5-10所示。

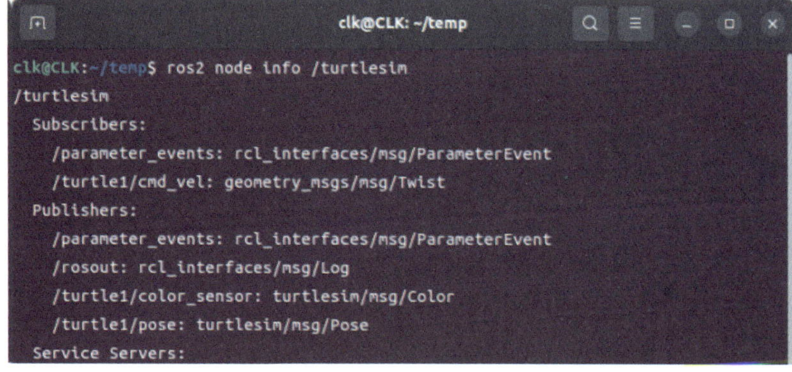

图5-10　ros2 node info命令应用

（3）ros2 run命令

ros2 run命令可用于执行功能包中的一个节点。在实际项目中可能需要一次运行多个节点，这时就需要使用ros2 launch命令。

3. 话题命令

话题命令中各命令及描述见表5-4。

表5-4　话题命令中各命令及描述

命　　令	描　　述
ros2 topic list	返回系统中当前活动的所有话题的列表
ros2 topic type	查看话题消息类型
ros2 topic info	查看话题信息，包括消息类型、订阅者数量、发布者数量等
ros2 topic echo	实时在控制台显示话题内容
ros2 topic pub	手动向话题发布消息

话题是ROS2中最常用的通信方式，激光雷达、差速驱动和摄像头等都是通过话题来传递数据的。一个节点发布数据到某个话题上，另外一个节点就可以通过订阅话题拿到数据，如图5-11所示。

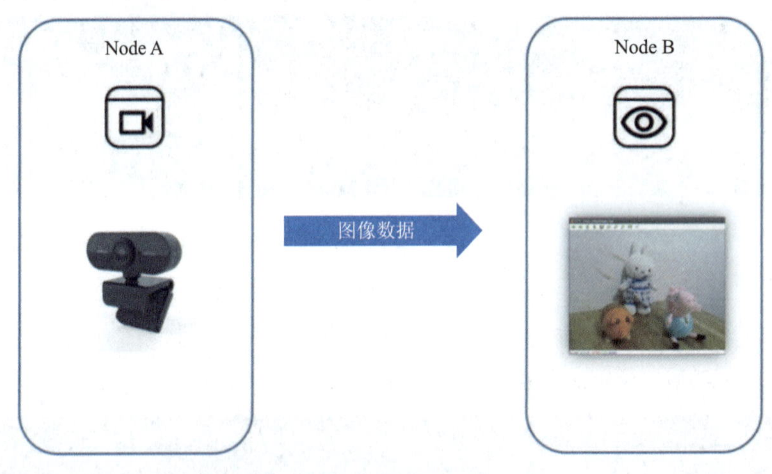

图5-11　话题通信

ROS2话题通信支持多种模式，可以是1对1、1对*n*、*n*对*n*、*n*对1，甚至是订阅自身发布的话题。

（1）ros2 topic list命令

使用ros2 topic list命令查看当前活动的所有话题的列表，如图5-12所示。在程序中就可以直接订阅话题或向该话题发布消息。

（2）ros2 topic type命令

使用ros2 topic type命令查看指定话题的消息类型，如图5-13所示。

图5-12 ros2 topic list命令应用

图5-13 ros2 topic type命令应用

（3）ros2 topic info命令

使用ros2 topic info查看指定话题的详细信息，如图5-14所示。

可以看到有一个发布者，即海龟控制节点，有一个订阅者，即海龟模拟器。

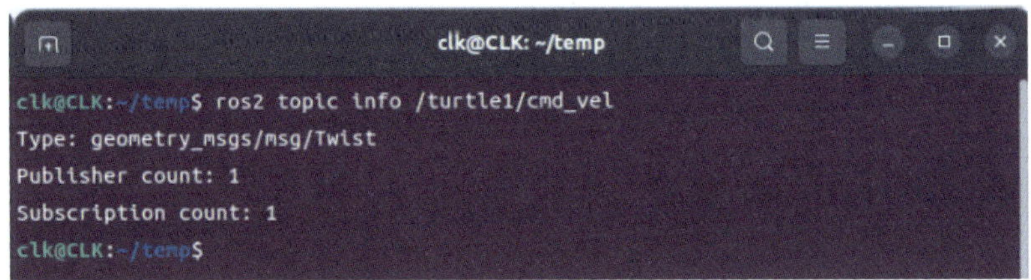

图5-14 ros2 topic info命令应用

（4）ros2 topic echo命令

使用ros2 topic echo查看指定话题的实时内容，如图5-15所示。

图5-15 ros2 topic echo命令应用

执行命令后是没有任何输出的，原因是发布者并没有发布数据。激活海龟控制节点，按下任意一个控制键，可以看到输出了消息内容，如图5-16所示。

（5）ros2 topic pub命令

使用ros2 topic pub向指定话题手动发布消息，如图5-17所示。

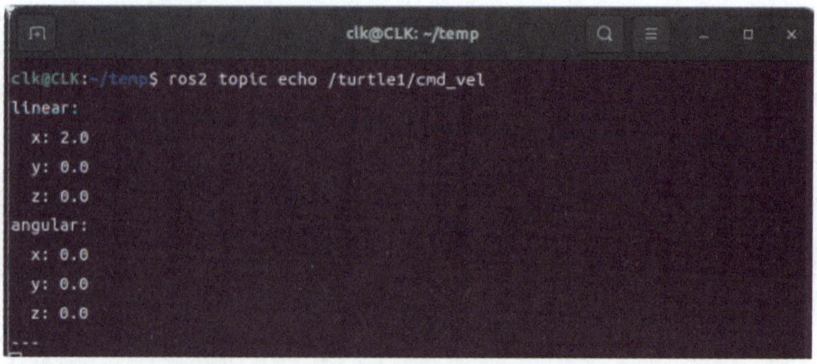

```
clk@CLK:~/temp$ ros2 topic echo /turtle1/cmd_vel
linear:
  x: 2.0
  y: 0.0
  z: 0.0
angular:
  x: 0.0
  y: 0.0
  z: 0.0
---
```

图5-16　ros2 topic echo实时消息

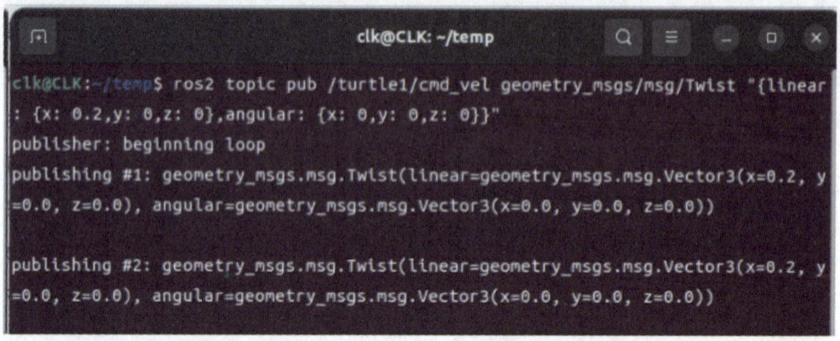

```
clk@CLK:~/temp$ ros2 topic pub /turtle1/cmd_vel geometry_msgs/msg/Twist "{linear
: {x: 0.2,y: 0,z: 0},angular: {x: 0,y: 0,z: 0}}"
publisher: beginning loop
publishing #1: geometry_msgs.msg.Twist(linear=geometry_msgs.msg.Vector3(x=0.2, y
=0.0, z=0.0), angular=geometry_msgs.msg.Vector3(x=0.0, y=0.0, z=0.0))

publishing #2: geometry_msgs.msg.Twist(linear=geometry_msgs.msg.Vector3(x=0.2, y
=0.0, z=0.0), angular=geometry_msgs.msg.Vector3(x=0.0, y=0.0, z=0.0))
```

图5-17　ros2 topic pub命令应用

4. 接口命令

接口命令中各命令及描述见表5-5。

表5-5　接口命令中各命令及描述

命　令	描　述
ros2 interface list	显示系统内所有的接口，包括消息（messages）、服务（services）、动作（actions）
ros2 interface show	显示指定接口的详细内容
ros2 interface proto	显示消息模板

（1）ros2 interface list命令

使用ros2 interface list命令查看系统内所有的接口，如图5-18所示。

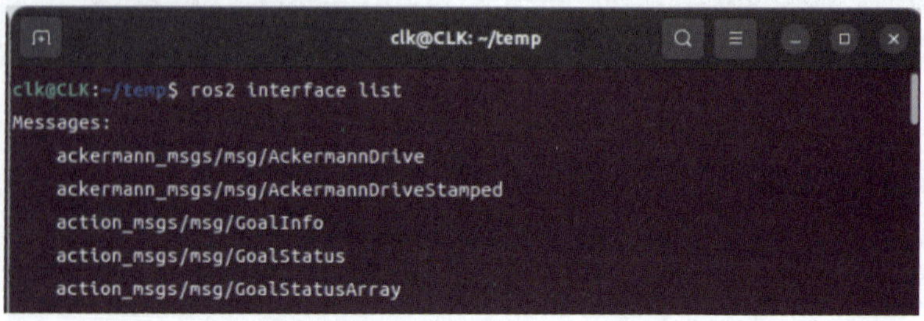

```
clk@CLK:~/temp$ ros2 interface list
Messages:
    ackermann_msgs/msg/AckermannDrive
    ackermann_msgs/msg/AckermannDriveStamped
    action_msgs/msg/GoalInfo
    action_msgs/msg/GoalStatus
    action_msgs/msg/GoalStatusArray
```

图5-18　ros2 interface list命令应用

（2）ros2 interface show命令

例如，话题“/turtle1/cmd_vel”的消息类型为geometry_msgs/msg/Twist，使用命令ros2 interface show命令查看该消息类型的详细内容，如图5-19所示。

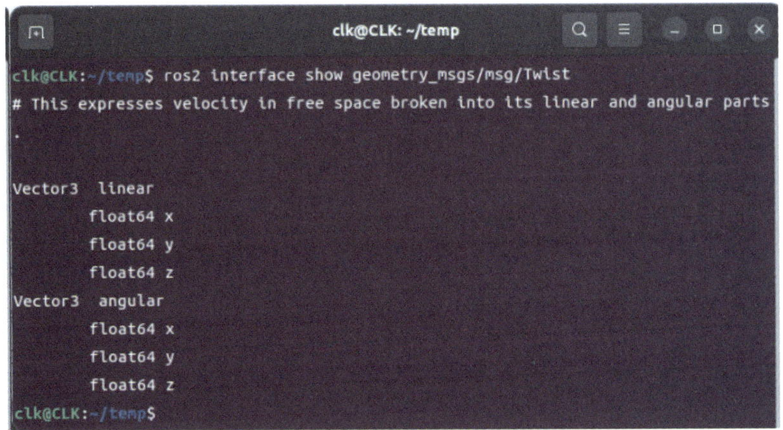

图5-19　ros2 interface show命令应用

（3）ros2 interface proto命令

使用命令ros2 interface proto命令查看该消息类型的消息模板，如图5-20所示。

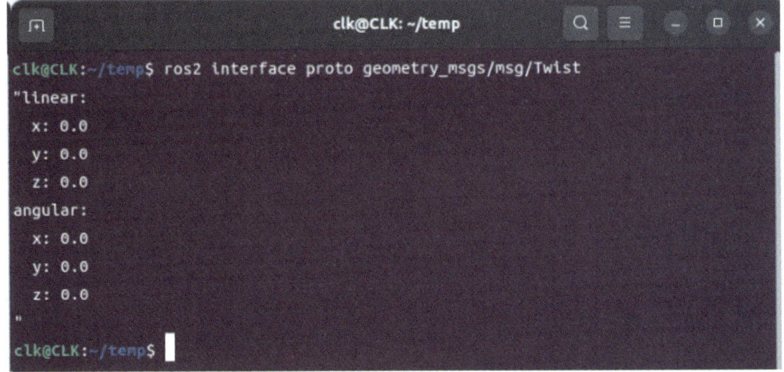

图5-20　ros2 interface proto命令应用

因此在向消息类型为geometry_msgs/msg/Twist的话题上发布消息时，消息模板为{linear: {x: 0.0,y: 0.0,z: 0.0},angular: {x: 0.0,y: 0.0,z: 0.0}}。linear是直线上的速度，其中的x、y、z是三个坐标轴方向的直线速度分量；angular是旋转速度，其中的x、y、z是三个坐标轴方向的旋转速度分量。

思考与总结

1. ROS2与ROS的主要区别是什么？
2. ROS2有多个版本，不同版本之间有什么差异？
3. ROS2主要使用什么进行进程间通信？使用什么进行请求与应答？

第二篇 智能运动装置虚拟仿真开发环境

在了解过智能运动装置虚拟仿真开发环境之后，下一步是体验和理解虚拟仿真开发环境。因此，本篇内容将专注于深入探索和使用虚拟仿真评测系统。

项目六 体验虚拟仿真评测系统

学习目标

① 了解智能运动装置虚拟仿真评测系统。

② 学习如何启动智能运动装置虚拟仿真评测系统。

③ 学习如何运行智能运动装置虚拟仿真评测系统。

思维导图

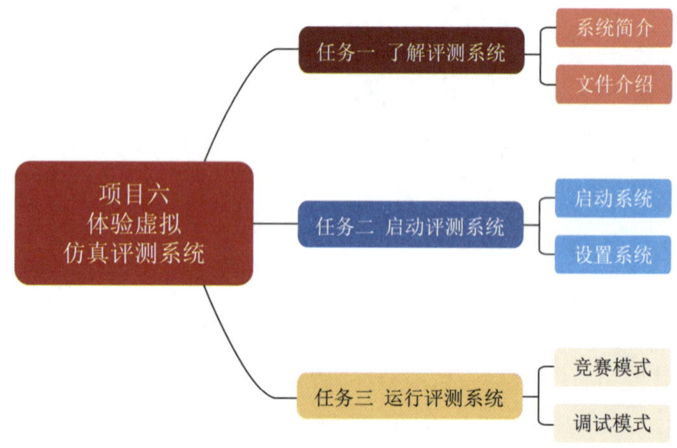

任务一 了解评测系统

视 频

体验虚拟仿真评测系统

1. 系统简介

TQD-Micromouse OCv2.0虚拟仿真评测系统是天津启诚伟业科技有限公司根据虚拟仿真教育教学需求，开发设计的一款智能运动装置虚拟仿真竞赛评测系统。

本系统部署了3D模型搭建、多传感器融合、智能算法验证、数据实时反馈等功能；提供第一视角显示，体验身临其境的感觉；支持左手算法、右手算

法、中心算法和洪水算法，可以轻松实现标准虚拟迷宫的搜索和最短路径的优化。

在仿真运行过程中，智能运动装置的速度、偏移量、转弯角度等数据实时反馈，方便参赛者进行数据分析。系统提供成绩记录的功能，实时显示迷宫时间和运行时间，记录最优成绩，并在竞赛结束后自动排序。系统支持模式切换，在调试模式下，将启用控制接口，参赛者可以通过校正参数使智能运动装置的运行更加高效。系统部署了上传和下载功能，一键切换中英文，满足国际选手与国内选手使用同一平台实时竞技的需求。同时，还提供大量不同难度的3D迷宫与智能运动装置模型，根据竞赛需求自由切换。

2. 文件介绍

系统资料文件夹如图6-1所示。

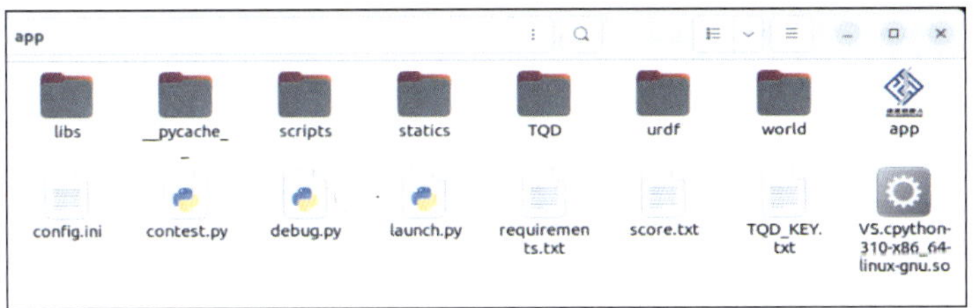

图6-1　系统资料文件夹

① app：系统启动文件，启动app文件即可打开智能运动装置虚拟仿真评测系统。

② config.ini：系统配置文件，包含系统所有的初始化信息，如模型路径、变量初值等。系统启动时会自动读取config.ini文件获取初值，系统调试完毕后保存数据，通过修改config.ini文件来实现。

③ contest.py：系统运行时的程序文件，所有的例程代码都在本文件中，包含智能运动装置的底层驱动和顶层逻辑。

④ debug.py：参数调试文件，传感器阈值、单元格大小等，均通过此文件进行调试。

⑤ urdf：智能运动装置模型文件夹。

⑥ world：迷宫模型文件夹。

⑦ TQD：迷宫描述文本文件的文件夹，可用于迷宫模型文件制作、算法验证以及得分点查看。

任务二　启动评测系统

本系统需要在Ubuntu 22.04中使用，需要提前安装Ubuntu 22.04。

1. 启动系统

本系统需要在终端启动，可按照以下顺序进行操作。

① 打开终端。右击评测系统文件夹的空白位置，选择“在终端打开”命令，如图6-2所示。

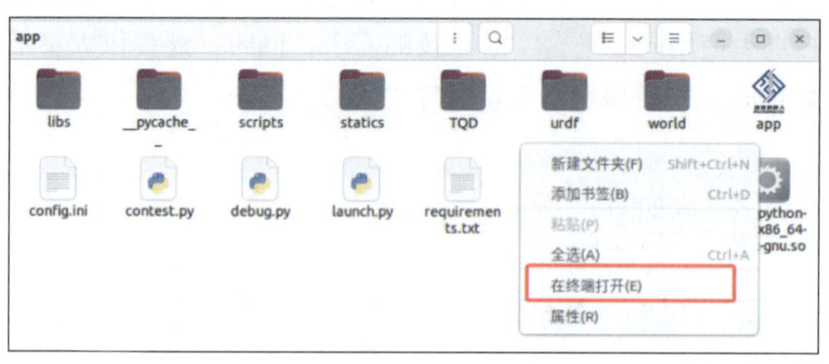

图6-2　打开终端

② 拖动app。选中app，直接拖进终端窗口，如图6-3所示。

③ 启动app。单击终端窗口，按【Enter】键，若出现登录窗口，表示启动成功，如图6-4所示。

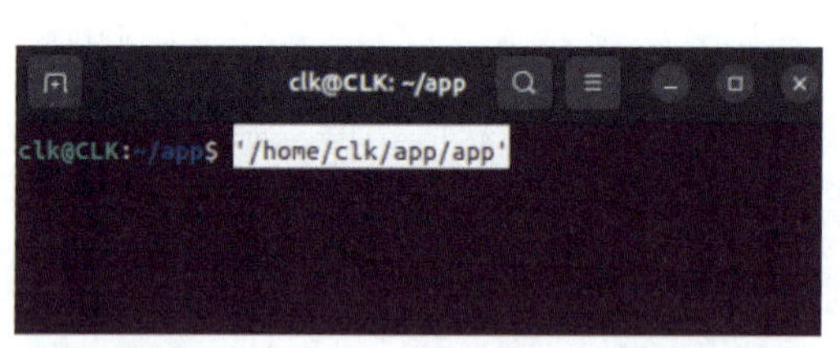

图6-3　拖动app

图6-4　登录窗口

注意：将app拖进终端后，系统焦点仍然在app文件上，因此需要先单击终端窗口，再按【Enter】键。

2. 设置系统

① 在登录窗口输入正确的账号密码，将首先打开评测系统启动工具，如图6-5所示。

② 单击“一键安装”按钮，将进行安装前的准备工作，并自动安装ROS2和Gazebo。由于下载文件较多，安装时间可能超过20 min。

③ 单击“一键配置”按钮，将自动配置评测系统运行环境。

④ 单击“一键启动”按钮，将启动评测系统。

首次启动时，需要依次完成“一键安装”“一键配置”，完成后启动工具会自动关闭。请关闭当前终端窗口，打开一个新的终端，重新运行app，此时可以直接单击“一键启动”按钮，启动评测系统。

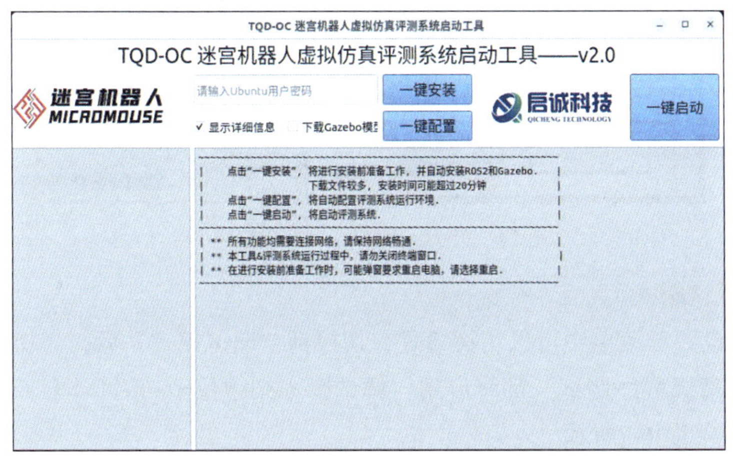

图6-5　虚拟仿真评测系统启动工具

注意事项：

① 三项功能均需要连接网络，请保持网络畅通。

② 进行安装、配置和启动均需要sudo权限，请在输入框中填写sudo密码。

③ 启动工具和评测系统运行过程中，请勿关闭终端窗口。

④ 进行“一键安装”时，会首先进行安装前的准备工作，此时可能弹窗要求重启计算机，选择重启。

任务三　运行评测系统

1. 竞赛模式

① 评测系统启动后默认是竞赛模式。

② 单击“一键启动”按钮启动评测系统，此时大多数按钮都是不可用状态（灰色）。

③ 单击“启动仿真”按钮，将打开仿真视图，数据显示区域和仿真控制区域都将启用，如图6-6所示。

④ 单击“启动”按钮将运行竞赛程序，竞赛程序必须位于app目录中，且命名为contest.py。

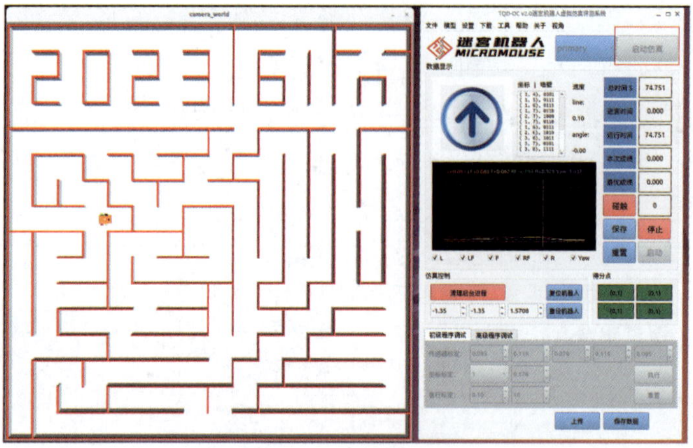

图6-6　仿真视图和评测系统主界面

2. 调试模式

在“设置”菜单中可以切换模式，切换到“调试模式”后，“初级程序调试”和“高级程序调试”都将启用，调试脚本必须位于app目录中，且命名为debug.py，如图6-7所示。

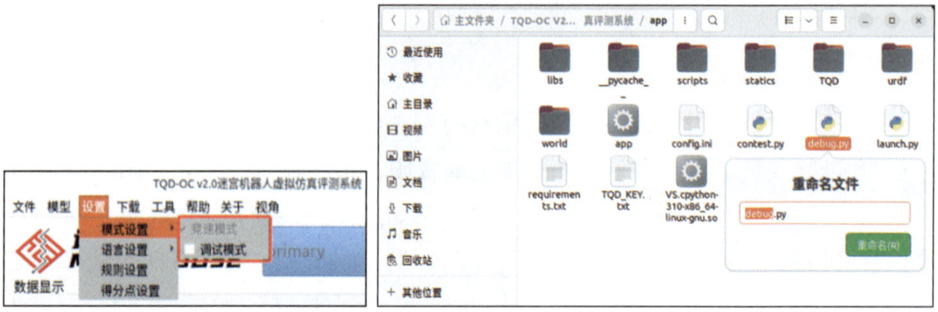

（a）　　（b）

图6-7　切换模式

在调试模式下，可以对智能运动装置的传感检测、电机驱动和转弯控制进行调试和校准，如图6-8所示。

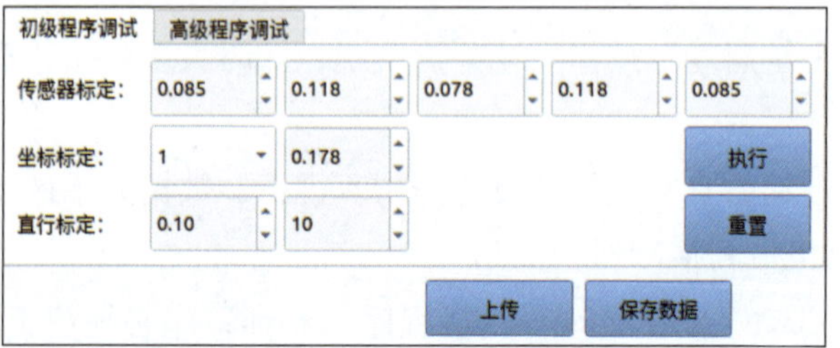

图6-8　单元格大小校准

思考与总结

1. 直接双击app文件可以启动评测系统吗?
2. 评测系统文件夹中的config.ini文件的作用是什么?
3. 评测系统集成了哪些功能，辅助用户完成虚拟仿真竞赛?

项目七 了解常用的编程IDE

学习目标

① 学习使用VSCode编辑器。
② 学习使用Pycharm编辑器。
③ 学习使用Thonny编辑器。

思维导图

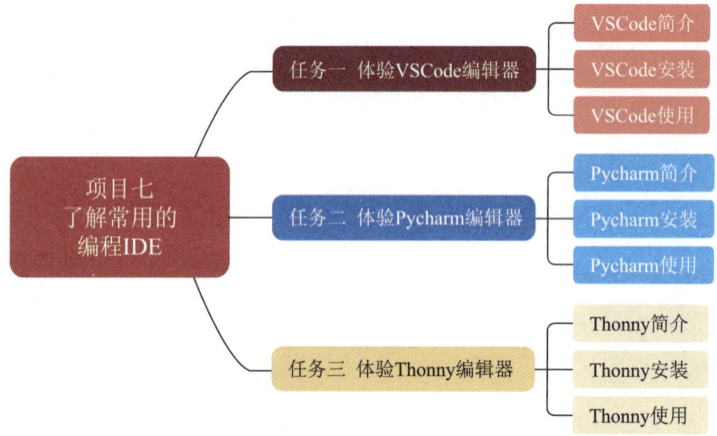

任务一 体验VSCode编辑器

视频

体验VSCode编辑器

1. VSCode简介

Visual Studio Code（简称VSCode）是由微软研发的一款免费、开源的跨平台代码编辑器，是目前使用最多的一款开发工具，如图7-1所示。

（1）轻量级

VSCode是一款轻量级的编辑器，安装包小，且启动速度快，可以提高用户体验。

图7-1　VSCode界面

（2）插件丰富

VSCode拥有丰富的插件系统，可以编辑HTML、CSS、JavaScript、TypeScript、Vue、React等前端代码和Java、Python等后端代码。

（3）语法高亮和智能提示

会对比如关键字、定义等高亮显示，还会根据用户的输入提供建议，自动补全等。

2. VSCode安装

在搜索引擎中搜索VSCode，前往官方下载安装包，安装过程与普通软件完全一致，如图7-2所示。

图7-2　VSCode安装

注意：在下载安装包时要选择与自己计算机系统相同的版本。

安装完成后，就可以使用VSCode编辑器。

3. VSCode使用

在桌面或“开始”菜单中找到VSCode快捷方式，双击启动VSCode，选择要打开的文件或文件夹。也可以在目标文件或文件夹中直接右击选择“通过Code打开”命令快速打开，如图7-3所示。

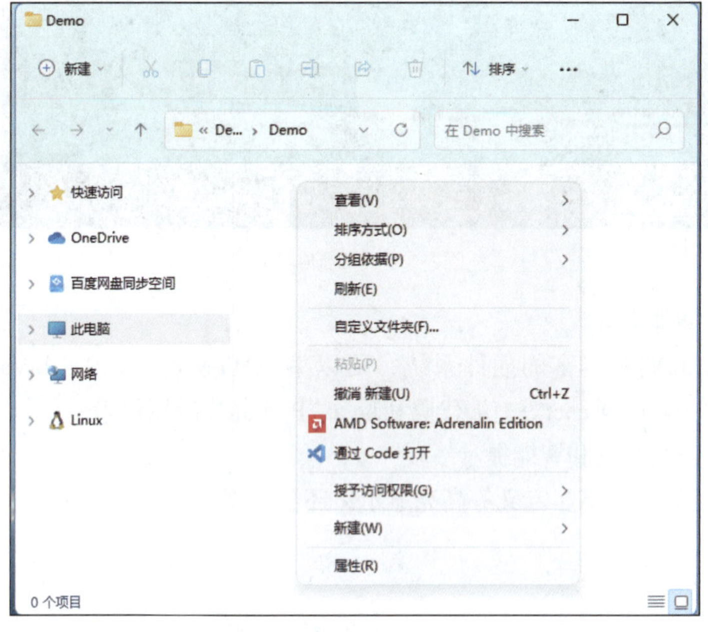

图7-3　通过Code打开

进行Python开发必须为VSCode安装Python插件。在插件（扩展）中搜索Python，选择微软推出的版本进行安装，如图7-4所示。

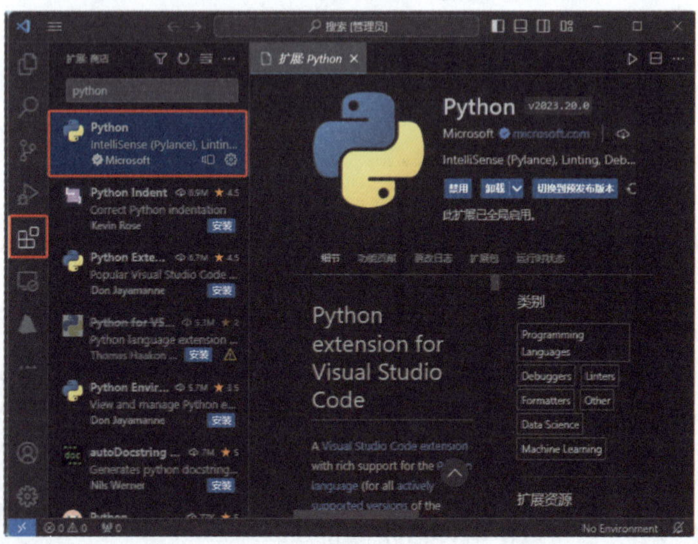

图7-4　安装Python插件

新建一个demo.py文件，就可以在其中编辑Python代码，如图7-5所示。

编写完成后，右击代码编辑区，选择“运行Python”→“在终端中运行Python文件”命令，如图7-6所示。

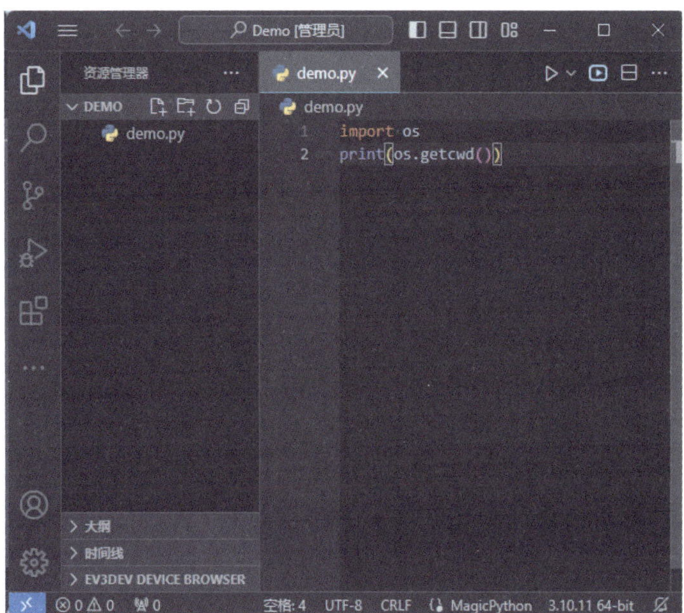

图7-5　编辑代码

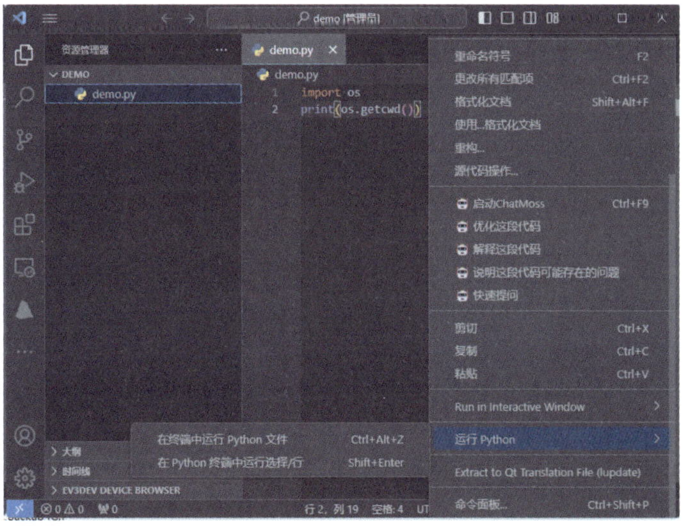

图7-6　运行Python程序

任务二　体验Pycharm编辑器

1. Pycharm简介

视 频

体验Pycharm编辑器

PyCharm是一种Python IDE（integrated development environment，集成开发环境），带有一整套可以帮助用户在使用Python语言开发时提高其效率的工具，如调试、语法高亮、项目管理、代码跳转、智能提示、自动完成、单元测试、版本控制。此外，该IDE提供了一些高级功能，以用于支持Django框架下的专业Web开发。

（1）智能代码编辑器

PyCharm的智能代码编辑器可为Python、JavaScript、CoffeeScript、TypeScript、CSS和热门模板语言等提供一流支持。充分利用可感知语言的代码补全、错误检测和实时代码修复。

（2）智能代码导航

使用智能搜索跳到任何类、文件或符号，甚至任何IDE操作或工具窗口。只需要单击即可切换到声明、超级方法、测试、用法和实现，等等。

（3）快速且安全的重构

利用安全的Rename和Delete、Extract Method、Introduce Variable、Inline Variable或Inline Method和其他重构以智能方式重构代码。语言和框架专用重构可以帮助用户执行项目级更改。

2. Pycharm安装

在搜索引擎中搜索PyCharm，前往官方下载安装包。PyCharm分为两种：

① PyCharm Professional，面向专业开发者的 Python IDE，提供30天的免费试用期。

② PyCharm Community Edition，适用于纯 Python 开发的 IDE，完全免费使用。

PyCharm的安装过程与普通软件完全一致，如图7-7所示。

图7-7　PyCharm安装

安装完成后，就可以使用PyCharm编辑器。

3. Pycharm使用

在桌面或“开始”菜单中找到PyCharm快捷方式，启动PyCharm，选择要打开的文件或文件夹。也可以在目标文件或文件夹中直接右击选择Open Folder as PyCharm Project命令快速打开，如图7-8所示。

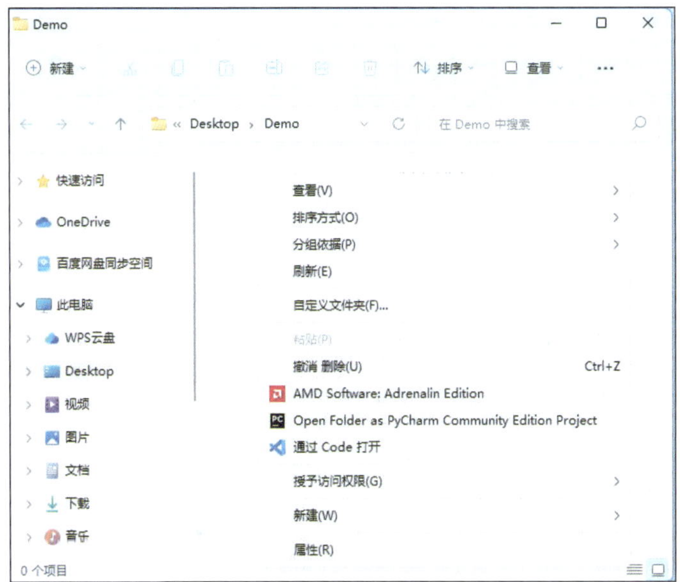

图7-8　通过PyCharm打开文件或文件夹

PyCharm是专为开发Python的IDE，因此无须安装Python扩展。

新建一个demo.py文件，就可以在其中进行Python代码编辑，如图7-9所示。

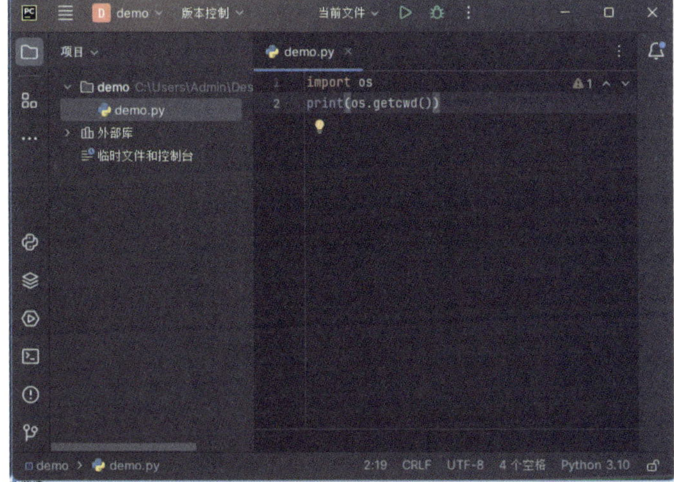

图7-9　编辑代码

编写完成后，单击代码编辑区上方的三角按钮，或通过右键菜单中的“运行demo”命令，运行程序，如图7-10所示。

图7-10 运行Python程序

任务三 体验Thonny编辑器

视 频

体验Thonny编辑器

1. Thonny简介

Thonny是一个面向初学者的 Python IDE，免费、支持中文，具有以下特点：

（1）多版本

Thonny有Windows、Mac、Linux和树莓派等各平台版本。

（2）内置Python解释器

安装后即可直接使用，同时支持调用本地其他版本解释器。

（3）简单的调试器

支持逐步运行程序，方便排查错误。

（4）高亮显示错误

包括语法错误和调用错误。

（5）代码补全

提高编程效率。

2. Thonny安装

在搜索引擎中搜索Thonny，前往官方下载安装包，安装过程与普通软件完全一致，如图7-11所示。

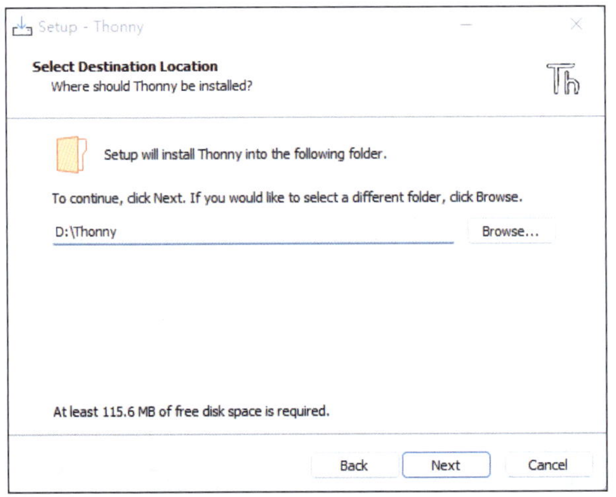

图7-11　Thonny安装界面

安装完成后，就可以使用Thonny编辑器。

3. Thonny使用

在桌面或“开始”菜单中找到Thonny快捷方式，启动Thonny，新建一个文件，将其保存到本地，并命名为demo.py，就可以在其中编辑Python代码，如图7-12、图7-13所示。

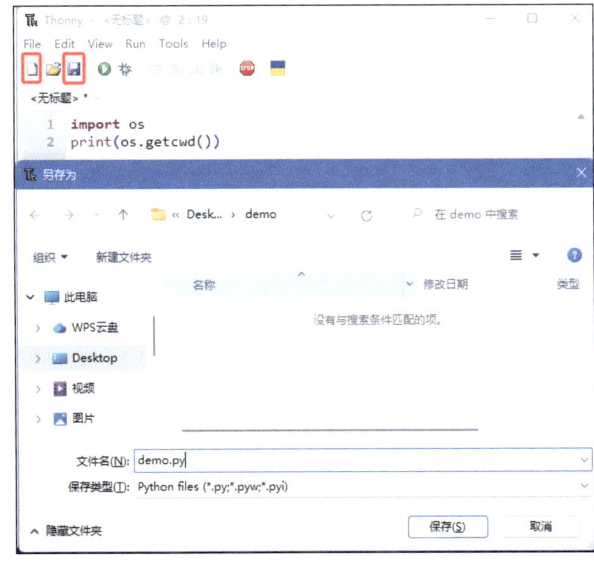

图7-12　保存文件

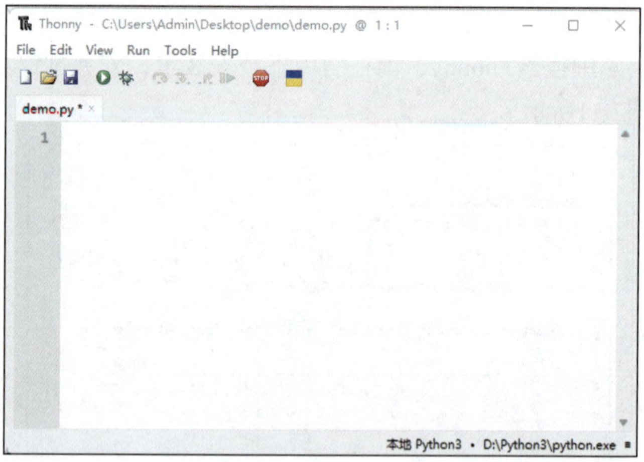

图7-13 编辑代码

编写完成后，单击代码编辑区上方的三角按钮，运行程序，如图7-14所示。

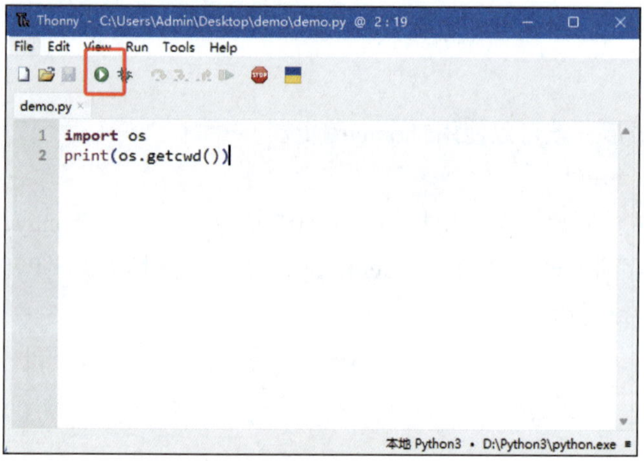

图7-14 运行Python程序

思考与总结

1. 三款编辑器在免费或收费方面有什么区别?

2. 三款编辑器的扩展性如何?

3. Thonny编辑器除了用于PC开发外，还支持与运行MicroPython的SoC（片上系统）连接进行程序开发。

第三篇 智能运动装置虚拟仿真评测系统

智能运动装置虚拟仿真评测系统是一种先进的技术工具，旨在通过模拟真实世界的环境条件，对智能运动装置的性能进行全面的评估和优化。

项目八 学习评测系统核心功能

学习目标

① 学习如何切换工作模式。
② 学习如何设置得分点。
③ 学习如何控制仿真视图。

思维导图

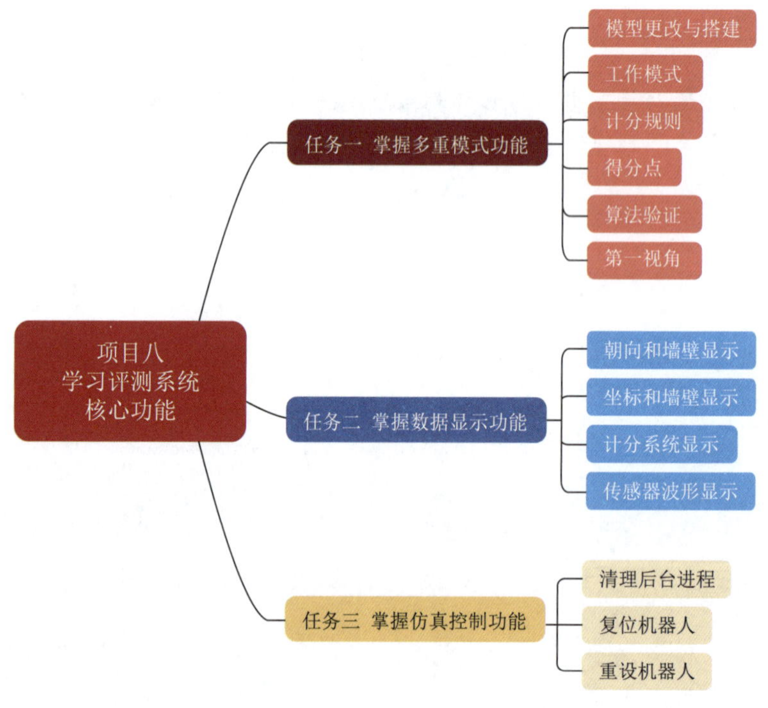

任务一　掌握多重模式功能

1. 模型更改与搭建

系统预设五个不同的组别，分别包含一个迷宫模型和一个机器人模型，可以自定义更换。模型更改与搭建如图8-1～图8-3所示。

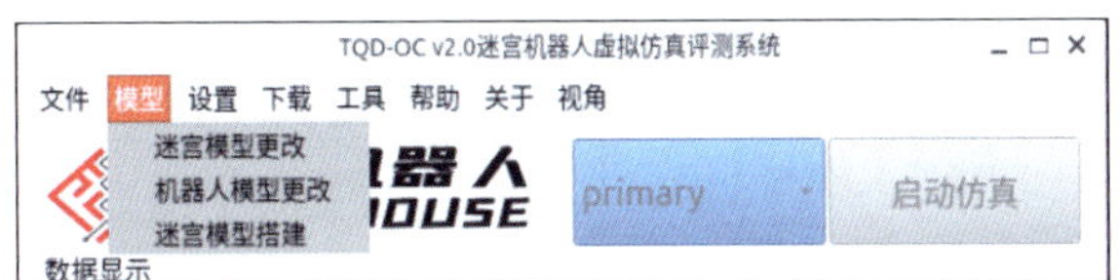

图8-1　模型菜单

图8-2　模型更改

考虑到用户自定义迷宫的需求，可以使用“迷宫模型搭建”功能将自定义的迷宫描述文本文件渲染为迷宫模型。

图8-3　模型搭建

2. 工作模式

启动仿真后，可以切换工作模式，在“调试模式”下，“初级程序调试”和“高级程序调试”都将启用，如图8-4所示。

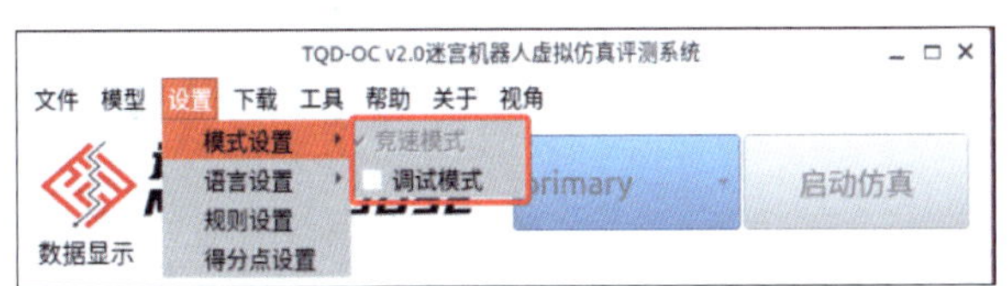

图8-4　模式切换

3. 计分规则

智能运动装置的计分规则可以依据需要自定义设置，如图8-5所示。

① Total Limit：智能运动装置在迷宫中的最长运行时间，默认600 s，范围300～1 200 s，超出后计分系统将自动结束计时。

② Touch Limit：智能运动装置在迷宫中的最大碰触次数，默认3次，范围1～5次，超出后计分系统将自动结束计时。

③ Reward/Punishment：奖惩时间，默认5 s，范围0～10 s，影响智能运动装置的最终成绩。

$$时间成绩=迷宫时间/30+运行时间+(碰触-1)\times Reward$$

4. 得分点

智能运动装置的得分点可以根据需要自定义设置，如图8-6所示。由于不同比赛中每个得分点的分值也不相同，所以得分点的分数不会自动计算到成绩

中，需要操作员按照比赛规则和时间成绩进行手动计算。主窗口得分点显示如图8-7所示。

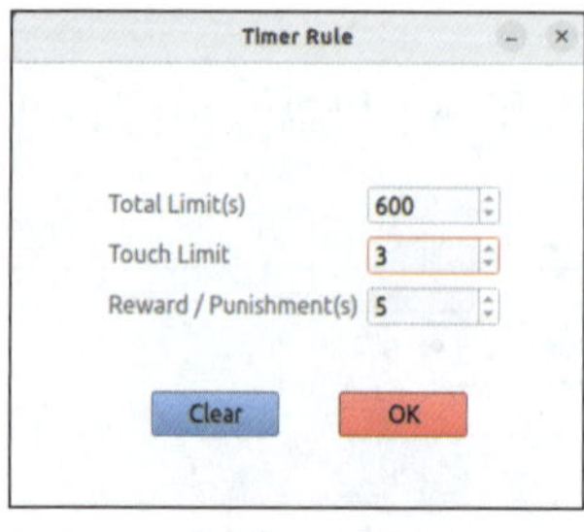

图8-5 计分规则设置界面

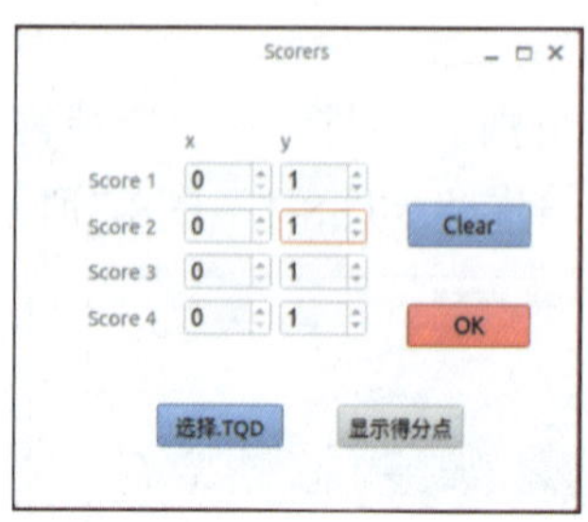

图8-6 得分点设置界面

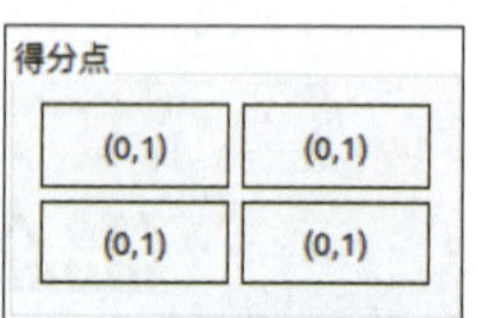

图8-7 主窗口得分点显示

得分点设置功能最多支持设置四个得分点。得分点设置完毕后主窗口中也会同步显示。当智能运动装置经过某个得分点时，该坐标就会在主界面中高亮显示。

① 选择.TQD：可以加载一个.TQD的迷宫描述文本文件，建议加载与3D迷宫模型匹配的.TQD文件，方便查看得分点的具体位置。

② 显示得分点：弹出图片，会将.TQD和得分点绘制出来，如图8-8所示。

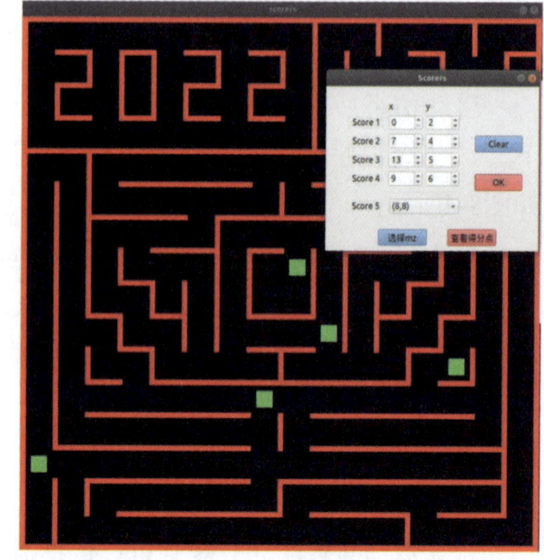

图8-8 绘制得分点

5. 算法验证

系统提供算法的快速验证功能（见图8-9），免去等待时间。

注意：算法验证工具中忽略传感器的作用，仅对算法进行验证。

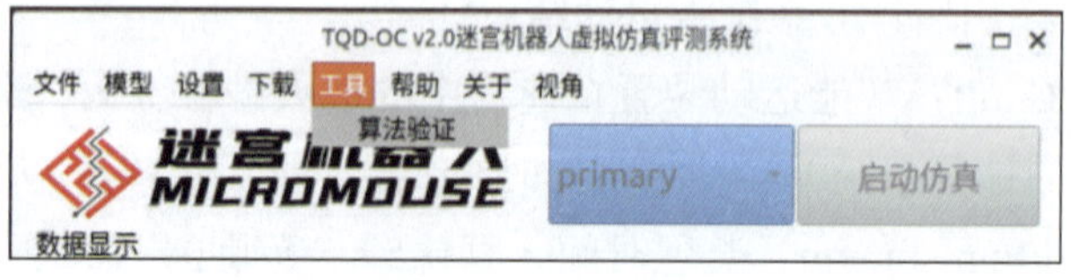

图8-9 算法验证

算法验证工具界面如图8-10所示。

算法验证工具有以下功能：

① Open.TQD：加载一个.TQD迷宫描述文本文件，如图8-11所示。

② Draw maze：绘制迷宫，将文本文件中的迷宫绘制成图片。

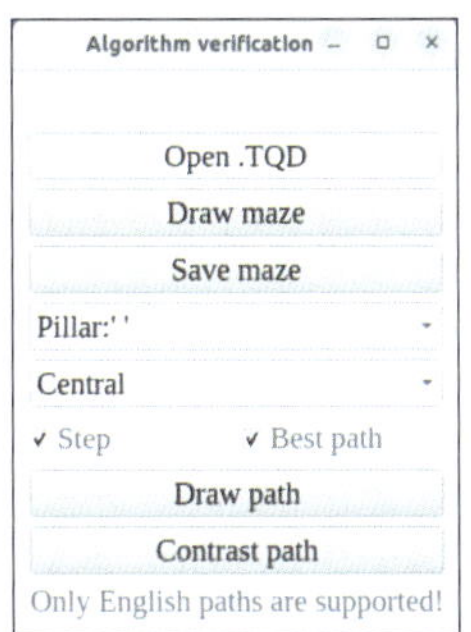

图8-10　算法验证工具

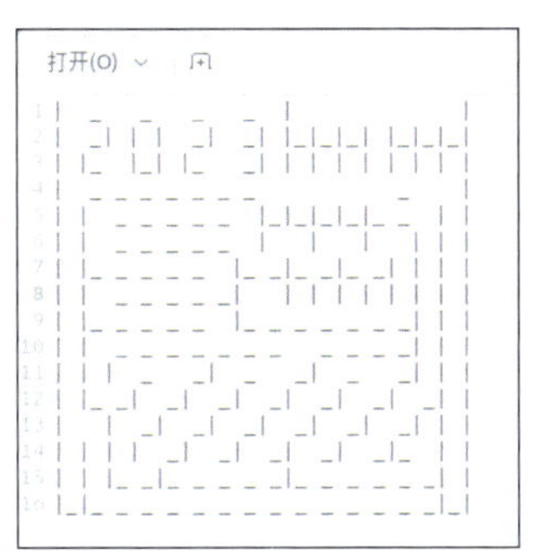

图8-11　迷宫描述文本文件

③ Save maze：保存图片，将绘制的迷宫、各种算法的运行轨迹等都保存到本地图片中。

④ Pillar：.TQD文件中对于立柱的描述方式，默认空格，可更改为“|”。

⑤ Central：自由选择算法，目前支持左手算法、右手算法和中心算法。

⑥ Step：是否显示等高值，起点为1。

⑦ Best path：是否绘制最优路径。

⑧ Draw path：绘制机器人使用当前选择的算法时的运行轨迹。

⑨ Contrast path：对比迷宫原图（original）、中心（central，绿色）、右手（right，黄色）和左手（left，蓝色），如图8-12所示。

6. 第一视角

评测系统提供第一视角显示的功能，仿佛置身于迷宫之中，体验身临其境的感觉，如图8-13所示。

图8-12　迷宫轨迹对比

图8-13　第一视角

任务二 掌握数据显示功能

评测系统提供数据实时反馈功能，智能运动装置在运行过程中，所有数据均动态可视化，方便用户进行数据分析，如图8-14所示。

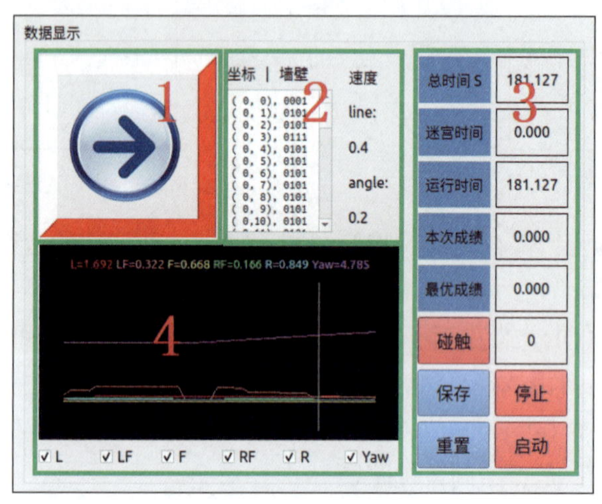

图8-14 数据显示

1. 朝向和墙壁显示

箭头表示智能运动装置的车头朝向，四条框线表示当前机器人四周的墙壁信息，红色表示有墙，白色表示无墙。车头朝向是算法程序设计的重要元素之一，辅助参赛者掌握智能运动装置的转向变化。墙壁有无的动态显示，辅助参赛者了解智能运动装置检测是否正确。

2. 坐标和墙壁显示

坐标列显示当前智能运动装置在迷宫中的位置。墙壁资料列，四个数字分别对应左、下、右和上四个方向的墙壁有无，1表示该方向有路，0表示该方向没有路。直线速度、旋转速度也同步显示。墙壁资料可以作为图8-14中显示的验证。坐标的实时显示，辅助参赛者验证智能运动装置是否发生坐标计算错误。

3. 计分系统显示

记录智能运动装置在迷宫中的各项时间数据。单击“启动”按钮启动程序，智能运动装置将开始运行；单击“重置”按钮，将终止智能运动装置的运行。

① 总时间：指智能运动装置在迷宫中的运行总时间。

② 迷宫时间：指智能运动装置从第一次启动到每次运行开始的那段时间。

③ 运行时间：指智能运动装置每次运行的时间。

④ 本次成绩：指本次运行取得的成绩。

⑤ 最优成绩：指智能运动装置在多次运行中取得的最优成绩。

⑥ 碰触：指智能运动装置发生错误，需要复位回到起点重新启动的次数。

$$本次成绩=迷宫时间/30+运行时间+(触碰-1)\times 5$$

上式中除以30是为了降低搜索耗时所占的比重；乘以5是为了奖励无碰触，惩罚多次触碰。用户可以在计分规则中进行自定义设置。

4. 传感器波形显示

智能运动装置的激光传感器和偏航角数据都会直观地绘制波形显示出来。辅助参赛者进行参数调试，了解智能运动装置的偏移情况。

任务三　掌握仿真控制功能

要实现对仿真视图的控制（见图8-15），可以参照以下操作步骤：

图8-15　仿真控制

1. 清理后台进程

评测系统在运行后，会启动一系列后台进程；在进行竞赛或调试时，用户也会启动自定义的contest和debug进程，若某个进程产生了错误，使得评测系统无法继续正常运行，就需要使用此项功能。

视 频

虚拟仿真控制

单击图8-15中的“清理后台进程”按钮后，将自动关闭后台中运行的所有相关进程。功能等效于重启软件，会关闭仿真视图，评测系统回到初始状态。

2. 复位机器人

在进行竞赛或调试时，若机器人的位置或朝向发生了改变，可以使用图8-15中“复位机器人”按钮，将机器人的姿态，回到初始位置、初始朝向。

3. 重设机器人

在调试时，需要测量不同位置的数据，如激光雷达数据和偏航角数据，因此可以借助此功能。三个输入框分别对应仿真视图中的x坐标、y坐标和偏航角。

单击图8-15中的“重设机器人”按钮后，将重设机器人在仿真视图中的位置和朝向。此功能可以辅助操作员进行程序调试。

思考与总结

1．迷宫模型需要依赖什么文件来搭建？

2．若智能运动装置在运行时发生了碰触，应该如何操作？

3．评测系统集成了控制功能，可以直接在主面板对仿真视图进行操作，调试过程更加方便。

项目九

学习评测系统程序调试

学习目标

① 学习调试传感器检测阈值。

② 学习调试转弯参数阈值。

③ 学习程序的发布与保存。

思维导图

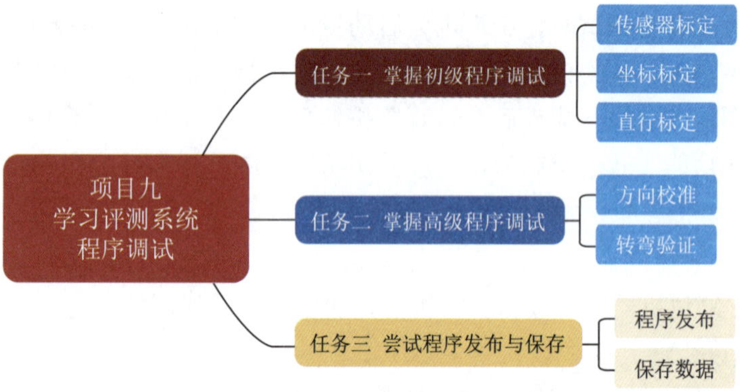

项目九 学习评测系统程序调试
- 任务一　掌握初级程序调试
  - 传感器标定
  - 坐标标定
  - 直行标定
- 任务二　掌握高级程序调试
  - 方向校准
  - 转弯验证
- 任务三　尝试程序发布与保存
  - 程序发布
  - 保存数据

任务一　掌握初级程序调试

本任务内容主要介绍传感器检测与车姿校正的调试功能，如图9-1所示。

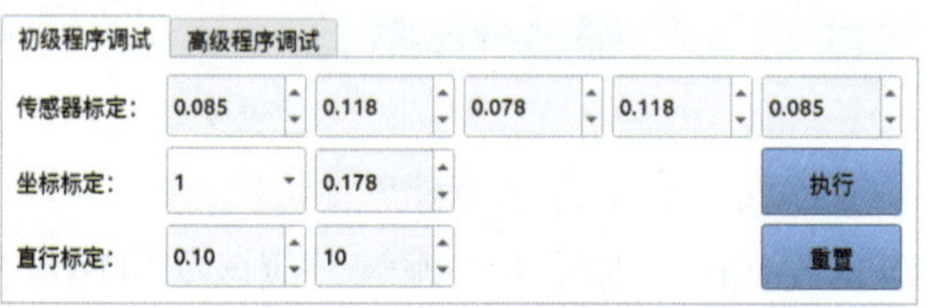

图9-1　初级控制区

视频

初级程序调试

将工作模式切换为“调试模式”，就可以使用调试功能。

1. 传感器标定

设置传感器检测的相关阈值。

传感器作为智能运动装置主要的信息采集模块之一，在智能运动装置开始运行之前需要进行传感器标准值的标定（基准值）。读取传感器波形中的数据，填入对应输入框中即可。

2. 坐标标定

设置单元格的大小。

智能运动装置采用“移动单元格数=移动距离÷单元格长度”计算移动的单元格数量，单元格尺寸是标准的18 cm×18 cm，但受机器人模型、速度、硬件平台的影响，需要进行校准。

3. 直行标定

设置直行的速度和直行校正车姿的校正系数。

当直行速度发生改变时，智能运动装置校正车姿的系数也需要随之调整，直行标定就是为了实现这一功能。

注意：受限于3D引擎和显卡驱动的适配性，直行速度建议不超过0.3 m/s。

单击“执行”按钮，将使用设置的参数启动调试脚本。

单击“重置”按钮，将重置所有输入框。

注意：必须执行过调试脚本，单击“保存数据”按钮时，调试的参数才会被保存到配置文件中。

任务二　掌握高级程序调试

视频

高级程序调试

本任务包含转弯的校准和转弯验证功能的操作。

智能运动装置在迷宫中运行时，会遇见不同的路口环境，结合自身算法需要使用不同的转弯来通过这些路口。所以，在智能运动装置运行开始前，需要对智能运动装置的转弯方向和转弯角度进行校准，如图9-2所示。

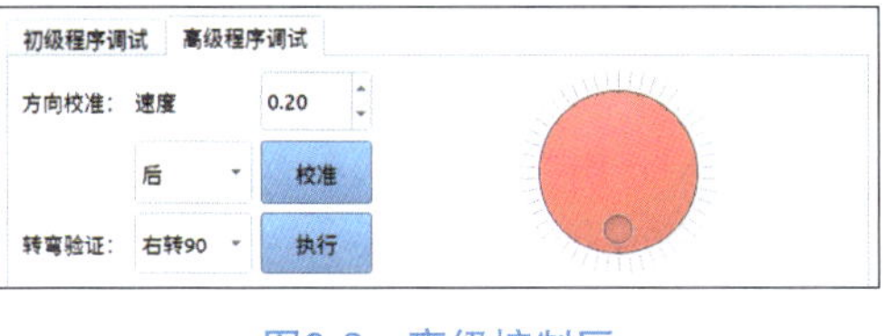

图9-2　高级控制区

1. 方向校准

校准智能运动装置的转弯方向。

将圆点拖动到某个方向上（如3点方向），然后选择下拉列表框中的

“右”，单击“校准”按钮，智能运动装置就会将“右”与仿真视图中的车头朝向（3点方向）绑定到一起。

注意：受限于3D引擎的性能，旋转速度不建议超过0.5。

2. 转弯验证

验证智能运动装置转弯的角度是否准确。

选择一个转弯角度，单击“执行”按钮，仿真视图中的智能运动装置将进行转弯，观察转弯角度是否准确。

注意：必须校准或执行过，单击“保存数据”按钮时，调试的参数才会保存到配置文件中。

任务三　尝试程序发布与保存

视频

程序发布与保存

本任务包含程序的上传与调试参数的保存功能的介绍，如图9-3所示。

1. 程序发布

评测系统提供上传与下载功能，参赛者可以将程序发布到服务器上，如图9-4所示。

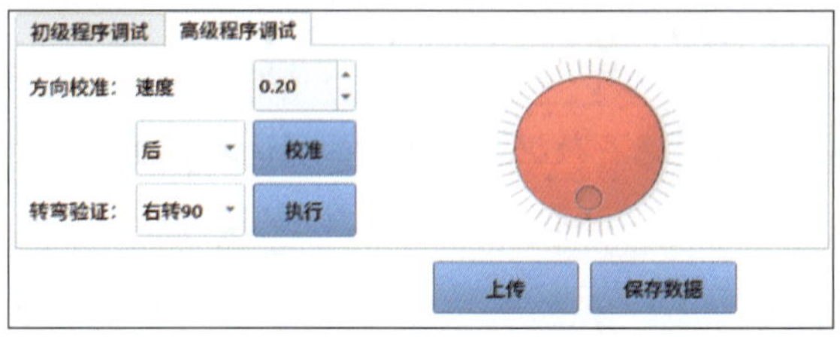

图9-3　上传与保存数据

图9-4　程序上传

2. 保存数据

参赛者可以通过“初级程序调试”和“高级程序调试”校准智能运动装置的各项参数，校准结束后单击“保存数据”按钮，将参数保存到配置文件中，方便以后使用。

思考与总结

1. 初级程序调试中的直行标定参数应当如何确定？
2. 若转弯角度偏大应当如何校准？
3. 为了方便远程参赛，需要提前将程序和说明文件打包成contest.zip，再发布到服务器上。

第四篇 智能运动装置虚拟仿真程序设计

在学习前三篇的内容后，相信大家已经对智能运动装置虚拟仿真平台有了一定的了解，为了实现创建高效、准确的智能运动装置虚拟仿真程序，必须首先学习和理解虚拟仿真基础驱动。

项目十 学习虚拟仿真基础驱动

学习目标

① 了解激光雷达的种类有哪些。
② 学习两轮差速驱动的原理。
③ 学习如何实现循迹运行。

思维导图

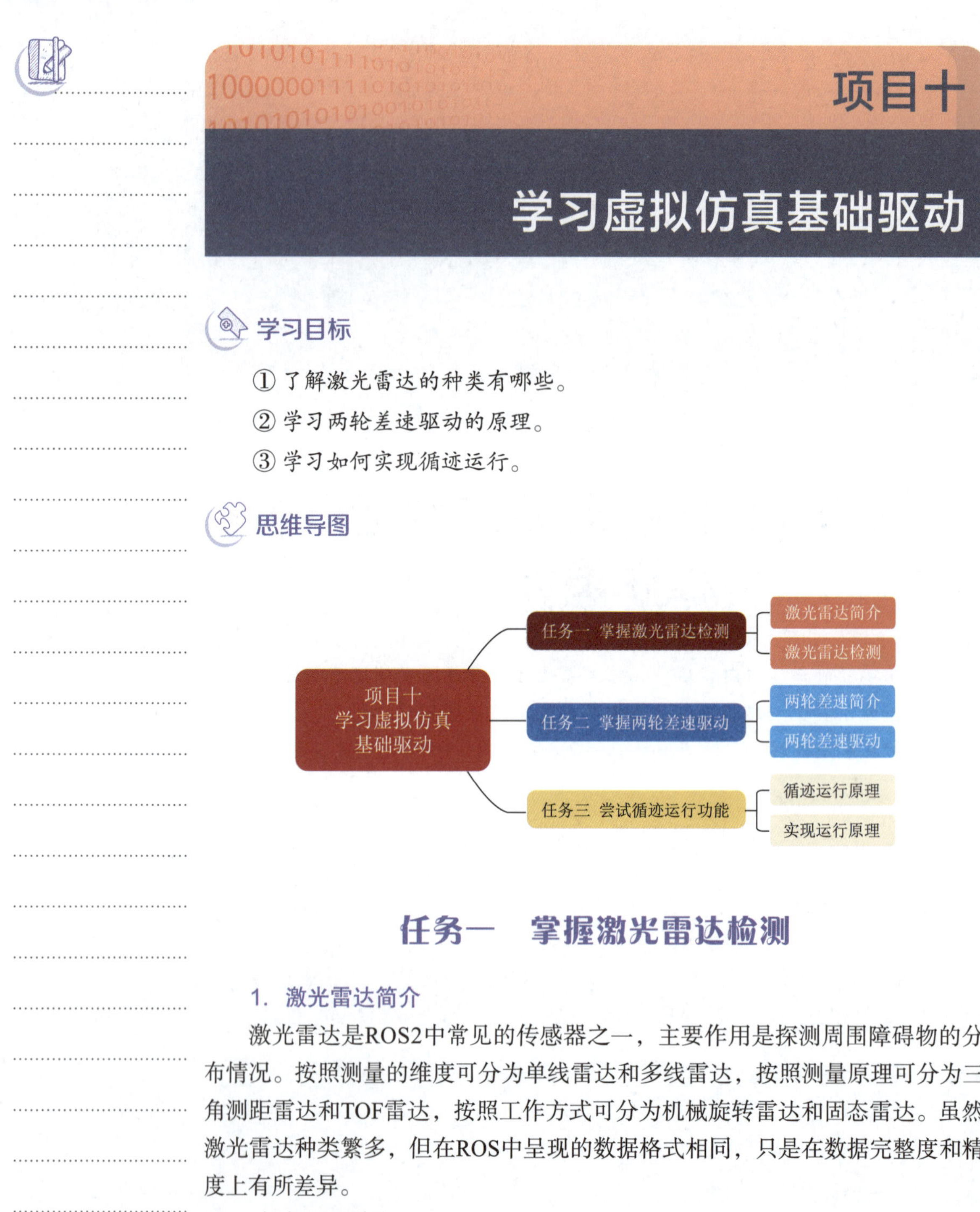

任务一　掌握激光雷达检测

1. 激光雷达简介

激光雷达是ROS2中常见的传感器之一，主要作用是探测周围障碍物的分布情况。按照测量的维度可分为单线雷达和多线雷达，按照测量原理可分为三角测距雷达和TOF雷达，按照工作方式可分为机械旋转雷达和固态雷达。虽然激光雷达种类繁多，但在ROS中呈现的数据格式相同，只是在数据完整度和精度上有所差异。

（1）TOF雷达

TOF（Time of flight，飞行时间法）也称时差法。由激光器发射一个激光脉冲，通过计时器记录下光的发射和接收的时间，两个时间相减即可得到光的

“飞行时间”，光速是固定的，由此就可以计算出目标的距离。TOF测距原理图如图10-1所示。

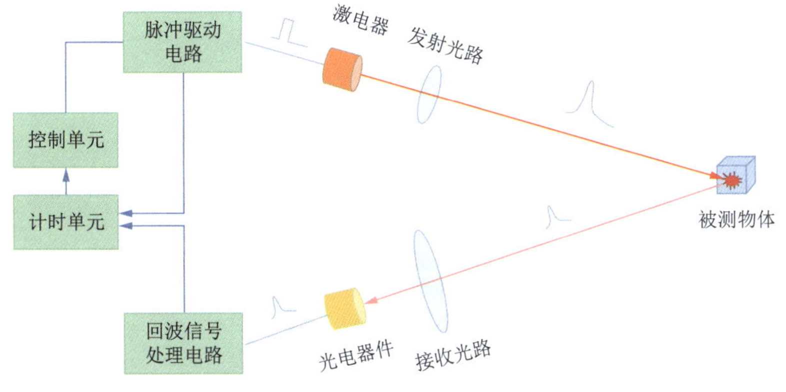

图10-1　TOF测距基本原理

（2）三角测距雷达

激光器发射激光，在照射到物体之后，反射光经透镜汇聚在线性CCD（charge-coupled device，感光耦合元件）上，当被测物体沿激光方向发生移动时，线性CCD上的光斑将产生移动，其位移大小对应被测物体的移动距离，因此可通过算法，由光斑位移距离计算出被测物体与激光器的距离值，原理如图10-2所示。

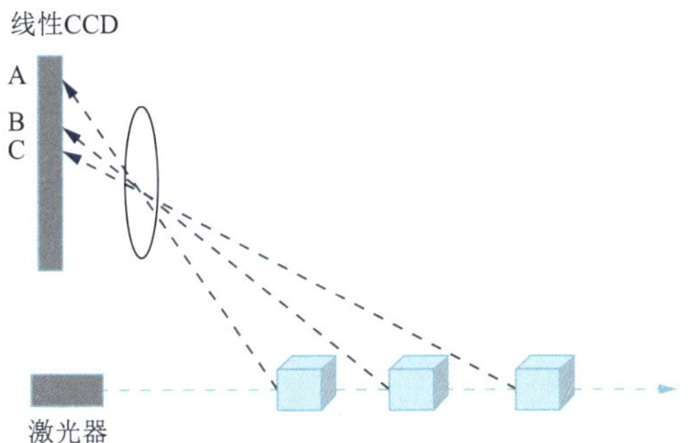

图10-2　三角测距原理图

2. 激光雷达检测

智能运动装置虚拟仿真评测系统使用TOF雷达进行距离检测。

话题名：/scan。

消息类型：sensor_msgs/msg/LaserScan。

可以通过订阅该话题来获取当前激光检测到的距离信息。

（1）查看激光雷达接口

启动评测系统，在终端输入以下命令查看话题列表。

```
$ ros2 topic list
```

终端输出如下信息：

```
/camera_image
/camera_info
/clock
/cmd_vel
/joint_states
/odom
/parameter_events
/rosout
/scan                        # 激光雷达话题
/tf
```

在终端输入以下命令打印话题echo。

```
$ ros2 topic echo /scan
```

终端输出如下信息：

```
header:
  stamp:
    sec: 1280
    nanosec: 57000000
  frame_id: laser_link
angle_min: -1.5708999633789062
angle_max: 1.5708999633789062
angle_increment: 0.008751532062888145
time_increment: 0.0
scan_time: 0.0
range_min: 0.019999999552965164
range_max: 3.5
ranges:
- 0.09237094968557358
- 0.09239806979894638
- 0.09243228286504745
- 0.09247361123561859
- 0.09252206236124039
......
```

ranges中就是激光雷达检测到的距离信息。

（2）编写程序获取检测数据

创建一个名为ray_sensor.py的文件，订阅话题“/scan”，获取激光雷达检测数据。

ray_sensor.py文件内容：

```
import rclpy
```

```
    from rclpy.node import Node
    from sensor_msgs.msg import LaserScan
    def get_laser_callback(msg):
        region = msg.ranges
        # 输出 水平右侧、右斜45、正前方、左斜45、水平左侧 距离
        print('right:', region[5])
        print('rf45 :', region[90])
        print('front:', region[180])
        print('lf45 :', region[270])
        print('left :', region[355])
    def get_laser():
        rclpy.init(args=None)
        node_laser=Node('laser') #创建订阅者,话题/scan,回调get_laser_
callback
        node_laser.create_subscription(LaserScan, '/scan', get_laser_
callback, 10)
        rclpy.spin(node_laser)
        rclpy.shutdown()
    get_laser()
```

打开一个终端，运行脚本文件，如图10-3所示。

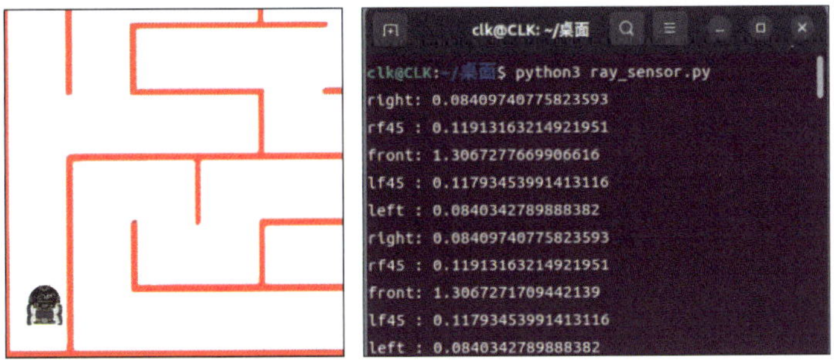

```
clk@CLK: ~/桌面
clk@CLK:~/桌面$ python3 ray_sensor.py
right: 0.08409740775823593
rf45 : 0.11913163214921951
front: 1.3067277669906616
lf45 : 0.11793453991413116
left : 0.0840342789888382
right: 0.08409740775823593
rf45 : 0.11913163214921951
front: 1.3067271709442139
lf45 : 0.11793453991413116
left : 0.0840342789888382
```

图10-3　运行脚本

视频

激光雷达检测

使用评测系统仿真控制中的“重设机器人位置”功能，移动智能运动装置，观察数据的变化。

任务二　掌握两轮差速驱动

1. 两轮差速简介

机器人（见图10-4）的驱动方式主要有电机驱动方式、液压驱动方式、气动驱动方式等。其中，电机驱动在机器人和自动化系统中应用非常广泛。

电机驱动主要有以下特点：

① 高效性能：电机驱动系统通常具有较高的能量转换效率，可以将电能有效转化为机械能，从而实现更高的能源利用效率。

② 高扭矩和动力输出：电机驱动系统能够提供高扭矩输出，使得车辆具有较好的加速性能和动力输出，适合用于快速起步和爬坡等工况。

③ 高响应性：电机驱动系统具有快速响应的特点，能够根据驾驶需求迅速调整转速和扭矩输出，提供平滑且即时的动力响应。

④ 零排放和环保：电机驱动系统不产生尾气排放物，不会对环境造成污染，能够有效降低碳排放和减少空气污染。

图10-4 两轮机器人

⑤ 低噪声和振动：相比内燃机驱动系统，电机驱动系统的运行噪声和振动较低，提供更加安静和舒适的驾驶体验。

电机驱动中，两轮差速是被广泛应用的一种驱动方式，扭矩大、爬坡载重能力强。

2. 两轮差速驱动

智能运动装置虚拟仿真评测系统采用两轮差速模式驱动智能运动装置。

（1）速度话题

话题名：/cmd_vel。

消息类型：geometry_msgs/msg/Twist。

可以向该话题发布数据来控制目标线速度和目标角速度。

（2）姿态话题

话题名：/odom。

消息类型：nav_msgs/msg/Odometry。

可以订阅该话题来获取目标当前的位置、朝向（偏航角）和速度。

（3）查看两轮差速接口

启动评测系统，在终端输入以下命令查看话题列表：

```
$ ros2 topic list
```

终端中输出如下信息：

```
/camera_image
/camera_info
/clock
/cmd_vel                    # 设置目标线速度和目标角速度
/joint_states
/odom                       # 输出目标当前的位置、朝向(偏航角)和速度
/parameter_events
/rosout
/tf
```

打印话题echo：

```
$ ros2 topic echo /odom
```

终端输出如下信息：

```
header:
   stamp:                     # 本次发布的时间
       sec: 1459
       nanosec: 189000000
   frame_id: odom
child_frame_id: base_footprint
pose:                         # pose信息
   pose:
       position:              # 位置信息
           x: 0.0012131783619373808
           y: -2.584250942327375e-05
           z: 0.015999687192963755
       orientation:           # 朝向信息
           x: 3.452774919449117e-07
           y: 7.119953618926764e-06
           z: -0.0005609542394105853
           w: 0.999999842639752
   covariance:                # 矩阵
  ...
```

对于/cmd_vel话题，在没有发布者的情况下，该话题没有echo消息。

（4）编写程序驱动机器人并获当前姿态

创建一个名为diff_drive_cmd_vel.py的文件，发布数据到话题/scan，控制智能运动装置运行。

创建一个名为diff_drive_odom.py的文件，订阅话题/odom，获取智能运动装置的姿态（位置和偏航角）。

diff_drive_cmd_vel.py文件的内容：

```
import rclpy
from rclpy.node import Node
from geometry_msgs.msg import Twist
def set_speed():
    rclpy.init(args=None)       # 初始化
    node=Node('publisher')      # 创建node/cmd_vel
    publisher=node.create_publisher(Twist,'/cmd_vel',10)
    msg=Twist()                 # 消息类型
    def set_speed_callback():
        msg.linear.x=0.1        # x线速度赋值
        msg.angular.z=0.0       # z角速度赋值
        publisher.publish(msg)
    node.create_timer(0.5, set_speed_callback)
```

```
        rclpy.spin(node)                    # 执行回调程序,然后ROS2才会开始工作
        rclpy.shutdown()                    # 程序结束时(例如Ctrl+C),关闭ROS2节点
    set_speed()
```

diff_drive_odom.py文件的内容：

```
    import rclpy
    from rclpy.node import Node
    from nav_msgs.msg import Odometry
    import tf_transformations
    def get_odom_callback(msg):
        position=msg.pose.pose.position
        quaternion=(
            msg.pose.pose.orientation.x,
            msg.pose.pose.orientation.y,
            msg.pose.pose.orientation.z,
            msg.pose.pose.orientation.w)
         euler=tf_transformations.euler_from_quaternion(quaternion)
# 将四元数转为欧拉角
        print(position.x, position.y)      # 机器人在Gazebo中的坐标
        print(euler[2])                    # 偏航角,-3.14~3.14
    def get_odom():
        rclpy.init(args=None)
        node=Node('subscriber')    # 创建订阅者,话题/odom,回调get_odom_
                                     callback
        node.create_subscription(Odometry, '/odom', get_odom_callback, 10)
        rclpy.spin(node)
        rclpy.shutdown()
    get_odom()
```

打开两个终端，分别运行diff_drive_cmd_vel.py和diff_drive_odom.py脚本文件，如图10-5所示。

```
clk@CLK: ~/桌面
clk@CLK:~/桌面$ python3 diff_drive_cmd_vel.py

clk@CLK: ~/...
lk@CLK:~/桌面$ python3 diff_drive_odom.py
1.350477898448497 -0.11954259590157838
.5712667485153522
1.3504787021662037 -0.11784156067481288
.5712669094261693
1.350479505313112 -0.11614052553153137
.5712670452591384
1.3504803078874947 -0.11443949051593891
.5712671585018547
```

图10-5　运行脚本

视 频

两轮差速驱动

第一个脚本运行后，智能运动装置起点开始直线运行；第二个脚本运行后，将输出智能运动装置的坐标和偏航角，如图10-6所示。

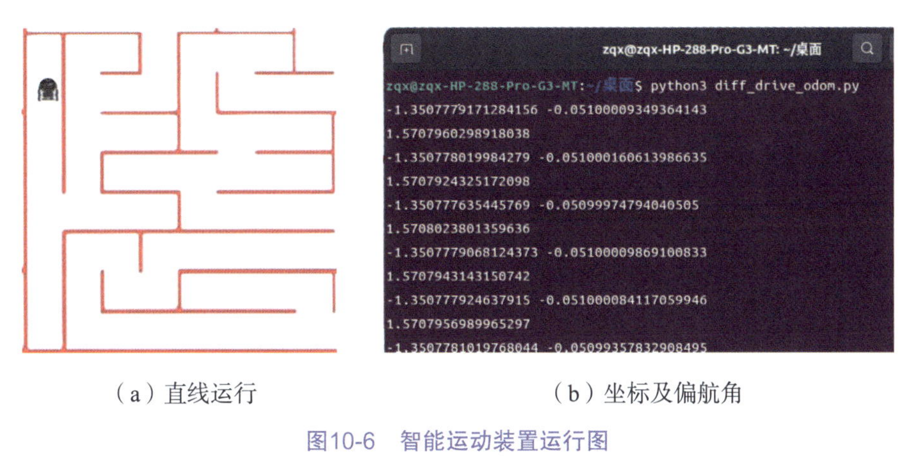

（a）直线运行　　（b）坐标及偏航角

图10-6　智能运动装置运行图

任务三　尝试循迹运行功能

1. 循迹运行原理

智能运动装置最佳的运行轨迹是沿着迷宫中心线行走，这样两侧都有尽可能多的空间用于校正车姿。

激光雷达可以检测左侧、前方和右侧挡板的距离，判断智能运动装置在一个单元格中的位置（见图10-7）；两轮差速驱动可以控制智能运动装置运动的线速度和角速度。因此，依据激光雷达检测到的挡板距离，去调整两轮差速设置的目标速度，就可以实现智能运动装置的循迹运行，如图10-8所示。

（a）中心线　　（b）左偏移　　（c）右偏移

图10-7　智能运动装置偏移情况

（a）直行　　（b）旋转

图10-8　直行和旋转

2. 实现循迹运行

创建一个名为track.py的脚本文件，订阅/scan话题，获取智能运动装置与挡板的距离；根据偏移情况发布数据到/cmd_vel话题，为智能运动装置设置合适的目标速度。

创建track.py文件的代码：

```
import rclpy
from rclpy.node import Node
from sensor_msgs.msg import LaserScan
from geometry_msgs.msg import Twist
import threading
class Track:
    def __init__(self) -> None:
        self.node=Node('mynode')
        self.msg=Twist()
        self.node.create_subscription(LaserScan,'/scan', self.laser, 10)
        # 创建订阅者,/scan
        self.pub=self.node.create_publisher(Twist,'/cmd_vel', 10)
        # 创建发布者,/cmd_vel
        self.rate=self.node.create_rate(50.0)
                                        # 创建rate对象,固定速率
        self.l_dis=0                    # 为各个属性赋初值
        self.fl_dis=0
        self.f_dis=0
        self.fr_dis=0
        self.r_dis=0
        self.kp=10                      # 校正车姿的强度
        self.speed_x=0.1
    def laser(self, msg):               # /scan回调
        region=msg.ranges
        self.l_dis=region[355]
        self.fl_dis=region[270]
        self.f_dis=region[180]
        self.fr_dis=region[90]
        self.r_dis=region[5]
    def ros_spin(self):                 # rclpy.spin(),在子线程调用
        rclpy.spin(self.node)
    def posture_adjust(self):           # 判断是否偏移,然后校正
        if self.l_dis<0.085:
            speed_z_temp=0.5*(self.l_dis-0.085)*self.kp
        elif self.r_dis<0.085:
            speed_z_temp=-0.5*(self.r_dis-0.085)*self.kp
        else:
            speed_z_temp=0.0
        return speed_z_temp
    def move(self):                     # 智能运动装置运行
```

```
        while rclpy.ok():
            self.msg.linear.x=self.speed_x
            self.msg.angular.z=self.posture_adjust()
            self.pub.publish(self.msg)
            self.rate.sleep()                # 实现固定速率发布
            if 0.05<self.f_dis<0.08:         # 检测到前方挡板时停车
                self.msg.linear.x=0.0
                self.msg.angular.z=0.0
                self.pub.publish(self.msg)
                self.rate.sleep()
                break
def main():
    rclpy.init(args=None)
    track=Track()
    t=threading.Thread(None, target=track.ros_spin, daemon=True)
    # 在子线程调用rclpy.spin()
    t.start()
    track.move()
if __name__ =='__main__':
    main()
```

使用评测系统仿真控制中的“重设机器人位置”功能，将智能运动装置移动到一个长直道中。打开一个终端，运行脚本，观察智能运动装置的运行情况，如图10-9所示。

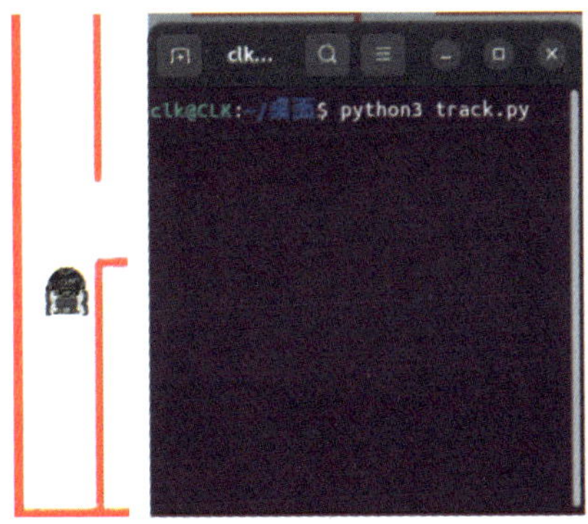

图10-9　循迹运行

视频

循迹运行

思考与总结

1. 激光雷达数据中除ranges外的其他条目是什么意思？
2. 两轮差速驱动中如何获取目标的当前速度？
3. 当智能运动装置发生偏移时，除了使用激光雷达数据，还可以借助偏航角进行车姿校准。

项目十一 学习虚拟仿真进阶控制

学习目标

① 学习如何进行智能运动装置坐标计算。

② 学习如何控制智能运动装置精确转弯。

③ 学习如何解决竞赛中的常见问题。

思维导图

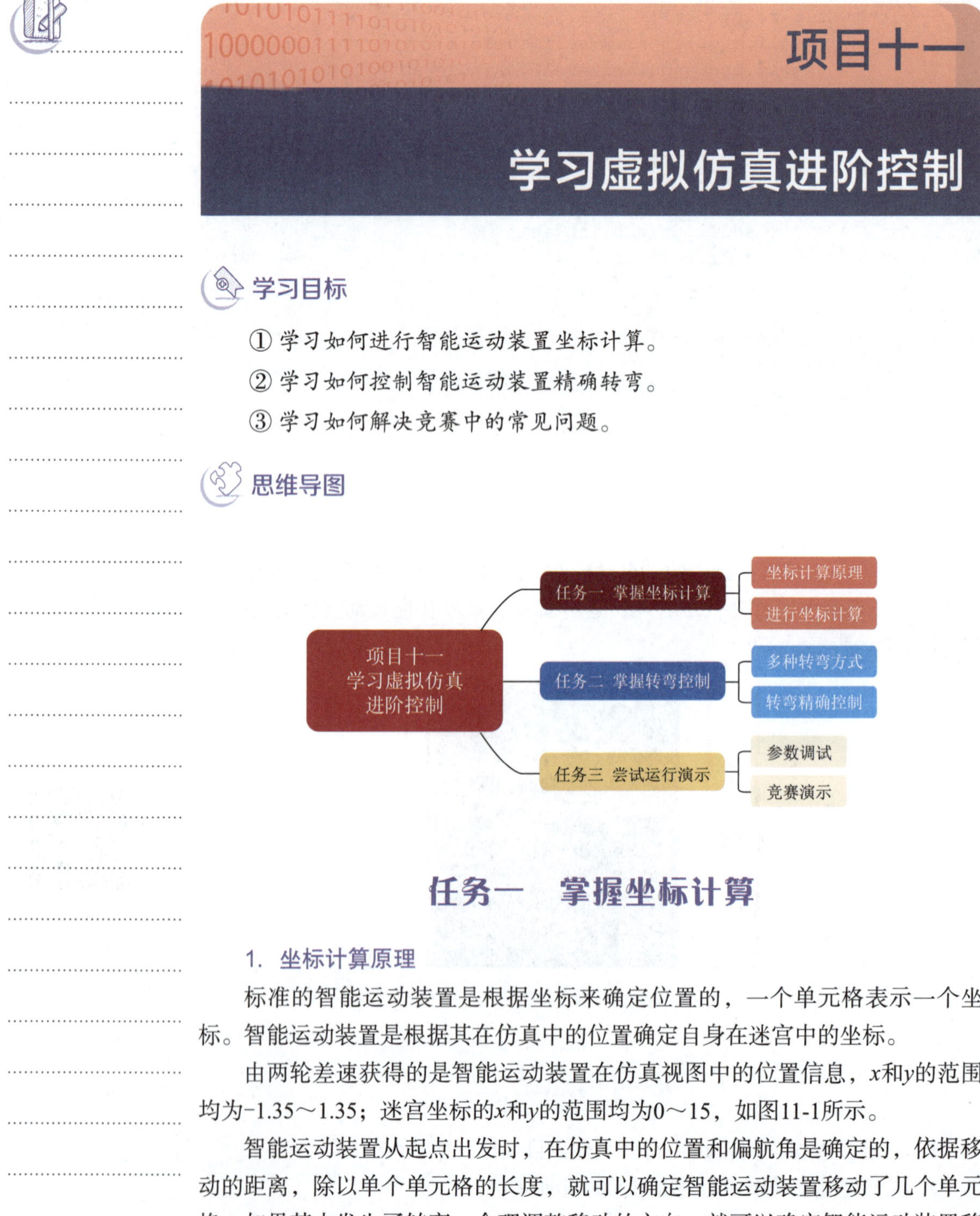

任务一 掌握坐标计算

1. 坐标计算原理

标准的智能运动装置是根据坐标来确定位置的，一个单元格表示一个坐标。智能运动装置是根据其在仿真中的位置确定自身在迷宫中的坐标。

由两轮差速获得的是智能运动装置在仿真视图中的位置信息，x和y的范围均为-1.35～1.35；迷宫坐标的x和y的范围均为0～15，如图11-1所示。

智能运动装置从起点出发时，在仿真中的位置和偏航角是确定的，依据移动的距离，除以单个单元格的长度，就可以确定智能运动装置移动了几个单元格。如果其中发生了转弯，合理调整移动的方向，就可以确定智能运动装置移动后的坐标。

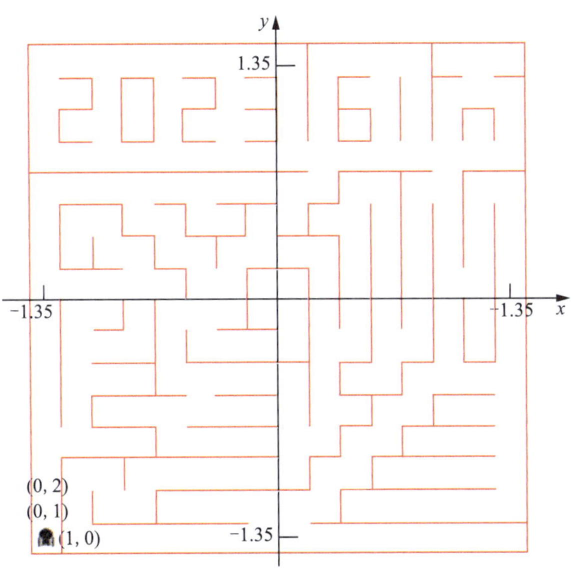

图11-1　坐标对比图

2. 进行坐标计算

创建一个名为coordinate.py的文件，编写如下代码：

```
import rclpy
from rclpy.node import Node
from std_msgs.msg import String
from geometry_msgs.msg import Twist
from nav_msgs.msg import Odometry
from sensor_msgs.msg import LaserScan
import tf_transformations
import threading
class Drive(object):
    def __init__(self) -> None:
        self.valueinit()
        self.ros_register()
    def valueinit(self):
        self.l_dis=0
        self.fl_dis=0
        self.f_dis=0
        self.fr_dis=0
        self.r_dis=0
        self.position_x=0
        self.position_y=0
        self.yaw=1.5708
        self.blocksize=0.178                    # 迷宫单元格预设大小
        self.kp=10
        self.speed_x=0.10
        self.speed_z=0.35
```

```
    def ros_register(self):
        self.msg=Twist()
        self.string=String()
        self.node=Node('mynode')
        self.node.create_subscription(LaserScan, '/scan', self.
laser, 10)
        # 创建订阅者,/scan
        self.node.create_subscription(Odometry, '/odom', self.
odom, 10)
        # 创建订阅者,/odom
        self.pub=self.node.create_publisher(Twist, '/cmd_vel', 10)
        # 创建发布者,/cmd_vel
        self.rate=self.node.create_rate(50.0)
    def ros_spin(self):                    # rclpy.spin(),在子线程调用
        rclpy.spin(self.node)
    def laser(self, msg):                  # /scan回调
        region=msg.ranges
        self.l_dis=region[340]
        self.fl_dis=region[270]
        self.f_dis=region[180]
        self.fr_dis=region[90]
        self.r_dis=region[20]
    def get_laser(self):
        return self.l_dis, self.fl_dis, self.f_dis, self.fr_dis, self.r_dis
    def odom(self, msg):                   # /odom回调
        position=msg.pose.pose.position
        self.position_x=position.x
        self.position_y=position.y
        quaternion=(
            msg.pose.pose.orientation.x,
            msg.pose.pose.orientation.y,
            msg.pose.pose.orientation.z,
            msg.pose.pose.orientation.w)
        euler=tf_transformations.euler_from_quaternion(quaternion)
        self.yaw=euler[2]
    def get_odom(self):
        return self.position_x, self.position_y, self.yaw
    def posture_adjust(self):              # 判断是否偏移,然后校正
        if self.f_dis>0.09:
            if self.fl_dis<0.118:
                speed_z_temp=0.5*(self.fl_dis-0.118)*self.kp
            elif self.fr_dis<0.118:
                speed_z_temp=-0.5*(self.fr_dis-0.118)*self.kp
            else:
                speed_z_temp=0.0
        else:
            if self.l_dis<0.085:
```

```
                speed_z_temp=0.5*(self.l_dis-0.085)*self.kp
            elif self.r_dis<0.085:
                speed_z_temp=-0.5*(self.r_dis-0.085)*self.kp
            else:
                speed_z_temp=0.0
        return speed_z_temp
    def move(self, numblock=1):      # 驱动智能运动装置运行
        flag=1
        while rclpy.ok():
            self.msg.linear.x=self.speed_x
            self.msg.angular.z=self.posture_adjust()
            self.pub.publish(self.msg)
            self.rate.sleep()
            if flag:    # 刚开始驱动时self.get_odom()返回的是0,因此
                          添加此判断
                tempx, tempy, tempz=self.get_odom()
                if (not tempx) and (not tempy):
                    continue
                flag=0
                 if  abs(self.get_odom()[0]  -  tempx)>=self.
blocksize*numblock  or  abs(self.get_odom()[1]  -  tempy)>=self.
blocksize*numblock:  # 当移动的距离超过设定值时break
                self.msg.linear.x=0.0
                self.msg.angular.z=0.0
                self.pub.publish(self.msg)
                self.rate.sleep()
                break
def main():
    rclpy.init(args=None)
    drive=Drive()
    t=threading.Thread(None, target=drive.ros_spin, daemon=True)
    t.start()
    drive.move(5)                   # 移动5个单元格
if __name__ == '__main__':
    try:
        main()
    finally:
        rclpy.shutdown()
```

启动评测系统，运行脚本程序，结果如图11-2所示。

智能运动装置将在运行五个单元格后自动停车。尝试修改drive.move(5)中的单元格数量，重新运行脚本，观察智能运动装置的停车位置是否一致。

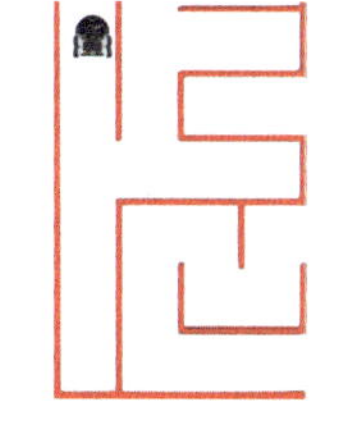

图11-2　坐标计算

视 频

坐标计算

任务二 掌握转弯控制

1. 多种转弯方式

迷宫单元格的尺寸是0.18 m×0.18 m，智能运动装置在运行时可以根据激光雷达检测到的距离判断两侧是否有路口。

智能运动装置在单元格中，可能左偏移或右偏移，这时两侧检测的数值就会有较大的差异，如图11-3所示。

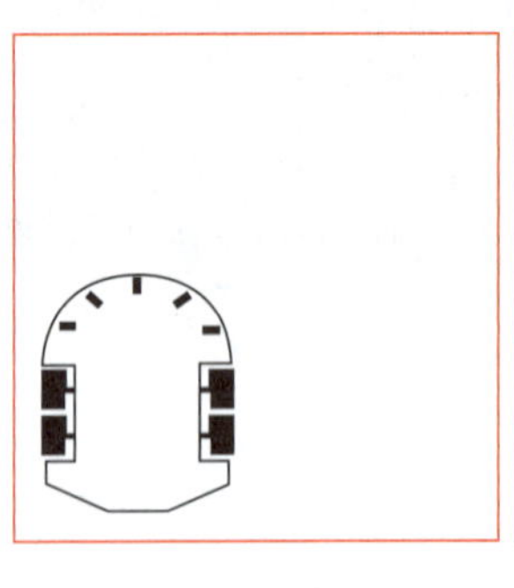
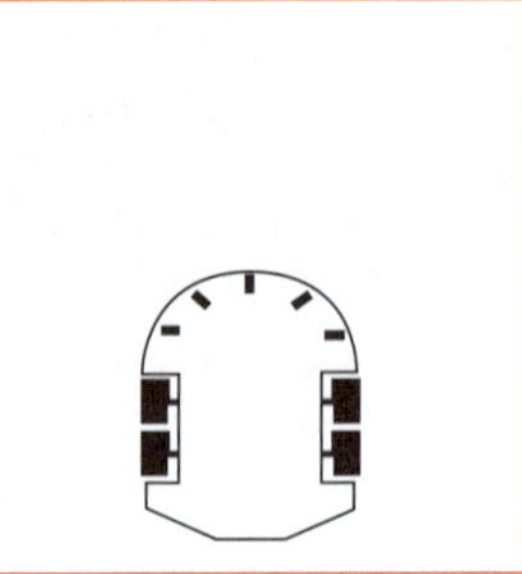
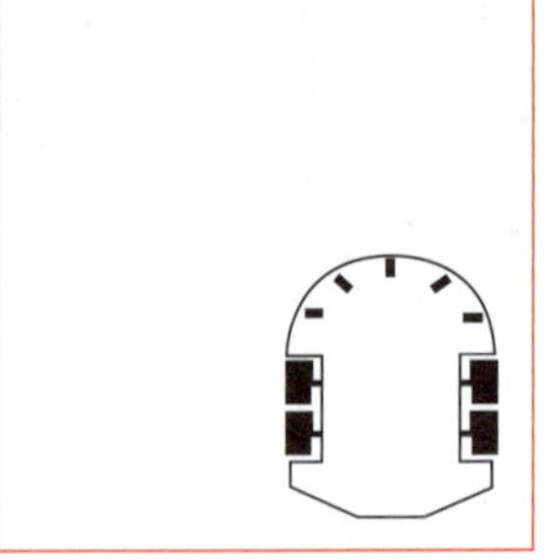

图11-3 单元格位置图

假设智能运动装置的宽度是0.08 m，为了保证路口检测无误，通常会选择0.12 m作为阈值，大于0.12时就可以断定单元格在该方向存在路口。

智能运动装置的常用转弯方式有三种，如图11-4所示。

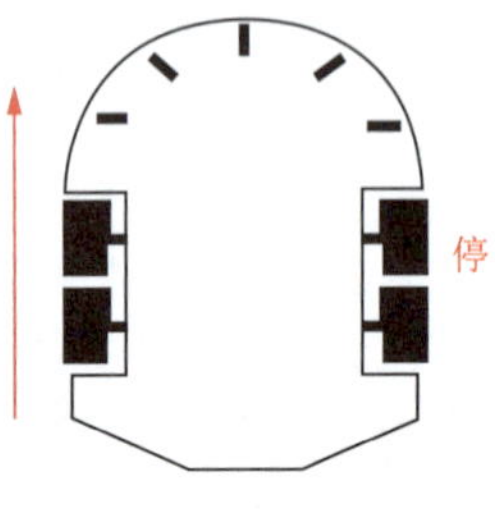

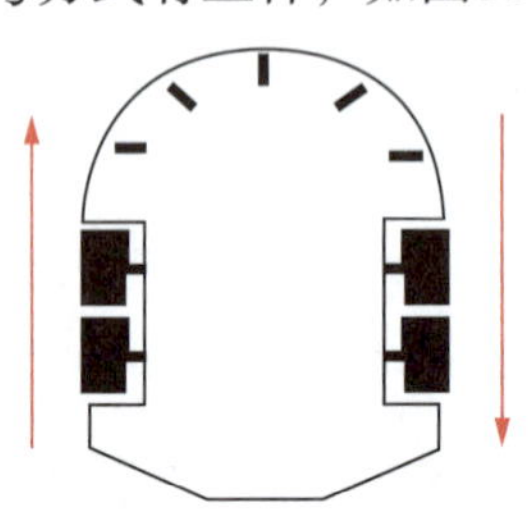
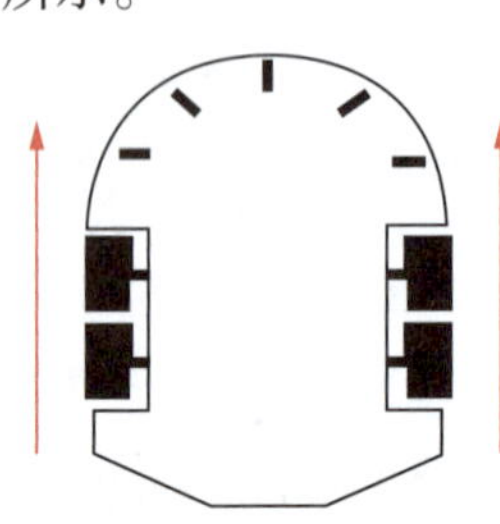

图11-4 三种转弯方式

方式一：内侧轮停止，外侧轮正转，这种转弯方式等效于以内侧轮为圆心，转动1/4圆弧，转弯半径较大。

方式二：内侧轮反转，外侧轮正转，且两轮速度相同，这种转弯方式等效于以智能运动装置中心为圆心，转动1/4圆弧，转弯半径最小，稳定性最高。

方式三：内侧轮和外侧轮均正转，但外侧轮速度较高，这种转弯方式速度最快，但控制难度稍大。

智能运动装置虚拟仿真评测系统采用两轮差速的驱动方式，因此转弯方式选择方式二。同时两轮差速也可以提供偏航角，作为转弯角度的判断。

智能运动装置车头向左时，存在π到-π的跳变，为了方便计算，对偏航

角进行修正（见图11-5、图11-6），将所有的偏航角数据增加π。在程序中，π按照3.1415进行计算。

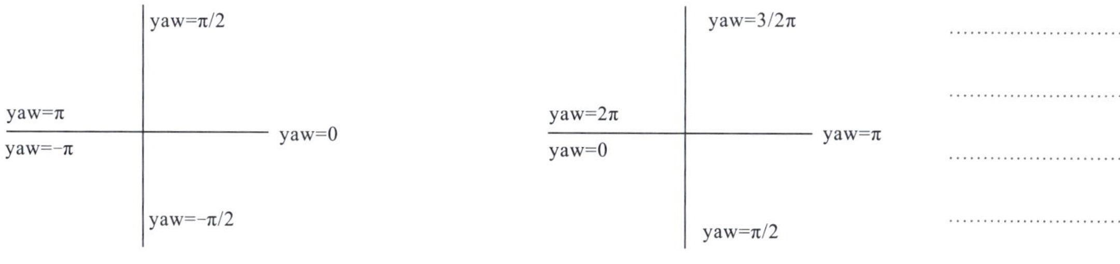

图11-5　偏航角示意图　　图11-6　偏航角修正

2. 转弯精确控制

创建一个名为turn.py的文件，编写如下代码：

```
import rclpy
from rclpy.node import Node
from std_msgs.msg import String
from geometry_msgs.msg import Twist
from nav_msgs.msg import Odometry
from sensor_msgs.msg import LaserScan
import tf_transformations
import threading
class Drive(object):
    def __init__(self) -> None:
        self.valueinit()
        self.ros_register()
    def valueinit(self):
        self.l_dis=0
        self.fl_dis=0
        self.f_dis=0
        self.fr_dis=0
        self.r_dis=0
        self.position_x=0
        self.position_y=0
        self.yaw=1.5708
        self.fyaw=4.71                    # 车头向前时的偏航角
        self.ryaw=3.14                    # 车头向右时的偏航角
        self.byaw=1.57                    # 车头向下时的偏航角
        self.lyaw0=0                      # 车头向左时的偏航角0
        self.lyaw1=6.28                   # 车头向左时的偏航角1
        self.blocksize=0.178              # 迷宫单元格预设大小
        self.kp=10
        self.speed_x=0.10
        self.speed_z=0.35
    def ros_register(self):
        self.msg=Twist()
```

```
        self.string=String()
        self.node=Node('mynode')
        self.node.create_subscription(LaserScan, '/scan', self.
laser,10)
        # 创建订阅者,/scan
         self.node.create_subscription(Odometry, '/odom', self.
odom,10)
        # 创建订阅者,/odom
        self.pub=self.node.create_publisher(Twist, '/cmd_vel', 10)
        # 创建发布者,/cmd_vel
        self.rate=self.node.create_rate(50.0)
    def ros_spin(self):                    # rclpy.spin(),在子线程调用
        rclpy.spin(self.node)
    def laser(self, msg):                  # /scan回调
        region=msg.ranges
        self.l_dis=region[340]
        self.fl_dis=region[270]
        self.f_dis=region[180]
        self.fr_dis=region[90]
        self.r_dis=region[20]
    def get_laser(self):
        return self.l_dis, self.fl_dis, self.f_dis, self.fr_dis, self.r_dis
    def odom(self, msg):                   # /odom回调
        position=msg.pose.pose.position
        self.position_x=position.x
        self.position_y=position.y
        quaternion=(
            msg.pose.pose.orientation.x,
            msg.pose.pose.orientation.y,
            msg.pose.pose.orientation.z,
            msg.pose.pose.orientation.w)
        euler=tf_transformations.euler_from_quaternion(quaternion)
        self.yaw=euler[2]
    def get_odom(self):
        return self.position_x, self.position_y, self.yaw
    def posture_adjust(self):              # 判断是否偏移,然后校正
        if self.f_dis>0.09:
            if self.fl_dis<0.118:
                speed_z_temp=0.5*(self.fl_dis-0.118)*self.kp
            elif self.fr_dis<0.118:
                speed_z_temp=-0.5*(self.fr_dis-0.118)*self.kp
            else:
                speed_z_temp=0.0
        else:
            if self.l_dis<0.085:
                speed_z_temp=0.5*(self.l_dis-0.085)*self.kp
            elif self.r_dis<0.085:
```

```
                speed_z_temp=-0.5*(self.r_dis-0.085)*self.kp
            else:
                speed_z_temp=0.0
        return speed_z_temp
    def move(self, numblock=1):        # 驱动智能运动装置运行
        flag=1
        while rclpy.ok():
            self.msg.linear.x=self.speed_x
            self.msg.angular.z=self.posture_adjust()
            self.pub.publish(self.msg)
            self.rate.sleep()
            if flag:                       # 刚开始驱动时self.get_odom()
                                             返回的是0,因此添加此判断
                tempx, tempy, tempz=self.get_odom()
                if (not tempx) and (not tempy):
                    continue
                flag=0
             if  abs(self.get_odom()[0]  -  tempx)>=self.
blocksize*numblock  or  abs(self.get_odom()[1]  -  tempy)>=self.
blocksize*numblock:  # 当移动的距离超过设定值时break
                self.msg.linear.x=0.0
                self.msg.angular.z=0.0
                self.pub.publish(self.msg)
                self.rate.sleep()
                break
    def turn(self, angle):
        while rclpy.ok():
            self.msg.linear.x=0.0
            self.msg.angular.z=-self.speed_z
            self.pub.publish(self.msg)
            self.rate.sleep()
            if angle-0.1<self.yaw<angle+0.1:
                self.msg.linear.x=0.0
                self.msg.angular.z=0.0
                self.pub.publish(self.msg)
                self.rate.sleep()
                break
    def turnright(self):
        flag=1
        while rclpy.ok():
            self.msg.linear.x=0.0
            self.msg.angular.z=-self.speed_z
            self.pub.publish(self.msg)
            self.rate.sleep()
            if flag:  # It is similar with move.
                oldyaw=self.get_odom()[2]
                if not oldyaw:
```

```
                    continue
                flag=0
            # 考虑到0和6.28的突变,因此将整个过程分为四个部分
            if 4.41<oldyaw<5.01:  # 车头向前
                if self.ryaw-0.1<self.yaw<self.ryaw+0.1:
                    self.msg.linear.x=0.0
                    self.msg.angular.z=0.0
                    self.pub.publish(self.msg)
                    # rclpy.spin_once(self.node)
                    self.rate.sleep()
                    break
            elif 2.84<oldyaw<3.44:  # 车头向右
                if self.byaw-0.1<self.yaw<self.byaw+0.1:
                    self.msg.linear.x=0.0
                    self.msg.angular.z=0.0
                    self.pub.publish(self.msg)
                    # rclpy.spin_once(self.node)
                    self.rate.sleep()
                    break
            elif 1.27<oldyaw<1.87:  # 车头向后
                if self.yaw<self.lyaw0+0.1:
                    self.msg.linear.x=0.0
                    self.msg.angular.z=0.0
                    self.pub.publish(self.msg)
                    # rclpy.spin_once(self.node)
                    self.rate.sleep()
                    break
            elif oldyaw<0.3 or oldyaw>5.98:  # 车头向左
                if self.fyaw-0.1<self.yaw<self.fyaw+0.1:
                    self.msg.linear.x=0.0
                    self.msg.angular.z=0.0
                    self.pub.publish(self.msg)
                    # rclpy.spin_once(self.node)
                    self.rate.sleep()
                    break
    def turnleft(self):
        flag=1
        while rclpy.ok():
            self.msg.linear.x=0.0
            self.msg.angular.z=self.speed_z
            self.pub.publish(self.msg)
            self.rate.sleep()
            if flag:
                oldyaw=self.yaw
                if not oldyaw:
                    continue
                flag=0
```

```
        if 4.41<oldyaw<5.01:  # 车头向前
            if self.yaw>self.lyaw1-0.1:
                self.msg.linear.x=0.0
                self.msg.angular.z=0.0
                self.pub.publish(self.msg)
                # rclpy.spin_once(self.node)
                self.rate.sleep()
                break
        elif 2.84<oldyaw<3.44:  # 车头向右
            if self.fyaw-0.1<self.yaw<self.fyaw+0.1:
                self.msg.linear.x=0.0
                self.msg.angular.z=0.0
                self.pub.publish(self.msg)
                # rclpy.spin_once(self.node)
                self.rate.sleep()
                break
        elif 1.27<oldyaw<1.87:  # 车头向后
            if self.ryaw-0.1<self.yaw<self.ryaw+0.1:
                self.msg.linear.x=0.0
                self.msg.angular.z=0.0
                self.pub.publish(self.msg)
                # rclpy.spin_once(self.node)
                self.rate.sleep()
                break
        elif oldyaw<0.3 or oldyaw>5.98:  # 车头向左
            if self.byaw-0.1<self.yaw<self.byaw+0.1:
                self.msg.linear.x=0.0
                self.msg.angular.z=0.0
                self.pub.publish(self.msg)
                # rclpy.spin_once(self.node)
                self.rate.sleep()
                break
def turnback(self):
    flag=1
    while rclpy.ok():
        self.msg.linear.x=0.0
        self.msg.angular.z=-self.speed_z
        self.pub.publish(self.msg)
        self.rate.sleep()
        if flag:
            oldyaw=self.get_odom()[2]
            if not oldyaw:
                continue
            flag=0
        if 4.41<oldyaw<5.01:  # 车头向前
            if self.byaw-0.1<self.yaw<self.byaw+0.1:
                self.msg.linear.x=0.0
```

```
                self.msg.angular.z=0.0
                self.pub.publish(self.msg)
                # rclpy.spin_once(self.node)
                self.rate.sleep()
                break
        elif 2.84<oldyaw<3.44:  # 车头向右
            if self.yaw<self.lyaw0+0.1:
                self.msg.linear.x=0.0
                self.msg.angular.z=0.0
                self.pub.publish(self.msg)
                # rclpy.spin_once(self.node)
                self.rate.sleep()
                break
        elif 1.27<oldyaw<1.87:  # 车头向后
            if self.fyaw-0.1<self.yaw<self.fyaw+0.1:
                self.msg.linear.x=0.0
                self.msg.angular.z=0.0
                self.pub.publish(self.msg)
                # rclpy.spin_once(self.node)
                self.rate.sleep()
                break
        elif oldyaw<0.3 or oldyaw>5.98:  # 车头向左
            if self.ryaw-0.1<self.yaw<self.ryaw+0.1:
                self.msg.linear.x=0.0
                self.msg.angular.z=0.0
                self.pub.publish(self.msg)
                # rclpy.spin_once(self.node)
                self.rate.sleep()
                break
def main():
    rclpy.init(args=None)
    drive=Drive()
    t=threading.Thread(None, target=drive.ros_spin, daemon=True)
    t.start()
    x, y=0, 0
    while 1:
        drive.move()
        y=y+1
        l_dis, fl_dis, f_dis, fr_dis, r_dis=drive.get_laser()
        leftpath='1' if l_dis>0.12 else '0'
        backpath='1'
        rightpath='1' if r_dis>0.12 else '0'
        frontpath='1' if f_dis>0.12 else '0'
        if rightpath=='1':
            drive.turn(0)
            break
        if y==6:
```

```
                break
def main2():
    rclpy.init(args=None)
    drive=Drive()
    t=threading.Thread(None, target=drive.ros_spin, daemon=True)
    t.start()
    x, y=0, 0
    while 1:
        drive.move()
        y=y+1
        l_dis, fl_dis, f_dis, fr_dis, r_dis=drive.get_laser()
        leftpath='1' if l_dis>0.12 else '0'
        backpath='1'
        rightpath='1' if r_dis>0.12 else '0'
        frontpath='1' if f_dis>0.12 else '0'
        if rightpath=='1':
            drive.turnright()
            break
        if leftpath=='1':
            drive.turnleft()
            break
        if frontpath=='0':
            drive.turnback()
            break
        if y==6:
            break
if __name__ == '__main__':
    try:
        main2()  # main()
    finally:
        rclpy.shutdown()
```

启动评测系统，首先运行main()，当智能运动装置检测到右侧有路口时，右转弯，然后停车，如图11-7所示。

移动智能运动装置，运行main2()，观察智能运动装置的运行情况，如图11-8所示。

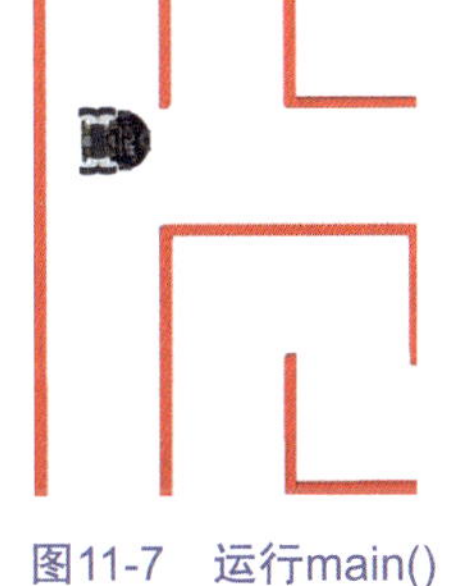

图11-7　运行main()

图11-8　运行main2()

任务三　尝试运行演示

视 频

运行演示

1. 参数调试

运行全迷宫之前需要对智能运动装置的各项参数进行调节。启动评测系统，将模式切换为调试模式。

（1）初级程序调试（见图11-9）

图11-9　初级程序调试功能

① 传感器标定：通过“复位机器人”或“重设机器人”功能，将智能运动装置设置到通道中心线上，读取波形图中L、LF、RF、R通道的数值，分别填入“传感器标定”中的对应位置；再次设置机器人位置，设置到一个前方有墙的单元格正中心，读取波形图中F通道的数值，填入对应位置。

② 坐标标定：复位机器人，单击“执行”按钮，观察智能运动装置移动的距离是否为一个单元格。尝试改变移动的单元格，再次执行。若移动后智能运动装置不在单元格的正中心，可以适当调节单位单元格的大小。

③ 直行标定：为智能运动装置设置合适的直行速度和校正系数。根据实际情况，选择合适的数值。

（2）高级程序调试（见图11-10）

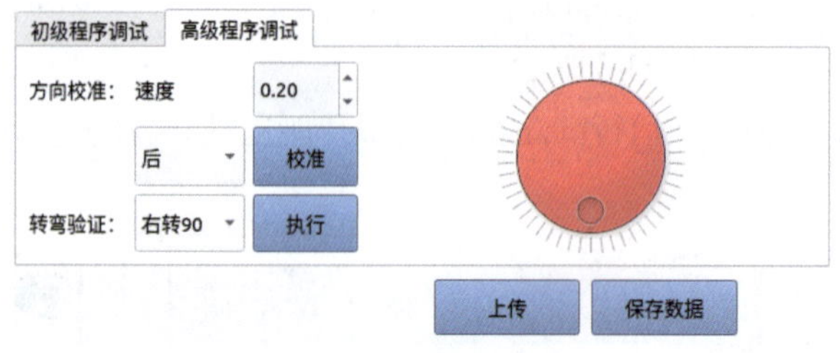

图11-10　高级程序调试功能

智能运动装置在运行时，如果发现转弯角度有偏差，可以通过高级程序调试功能进行校准。

① 方向校准：在速度输入框中可以设置转弯的速度快慢。右侧的滚迹球表示了车头朝向的一个圆圈，选择需要校准的方向，然后拖动滚迹球到需要的方

向，单击“校准”按钮，智能运动装置将开始向右旋转，一直转到滚迹球指示的朝向，这样就可以将该朝向与选择的转弯方向绑定起来。

② 转弯验证：完成方向校准后，选择对应的动作，单击“执行”按钮，验证转弯是否准确。

最后，点击“保存数据”按钮，将调试结果保存到配置文件中。

2. 竞赛演示

参数调试完成后，就可以尝试运行全迷宫程序。将模式切换为竞赛模式，单击“启动”按钮，运行全迷宫示例程序，如图11-11所示。

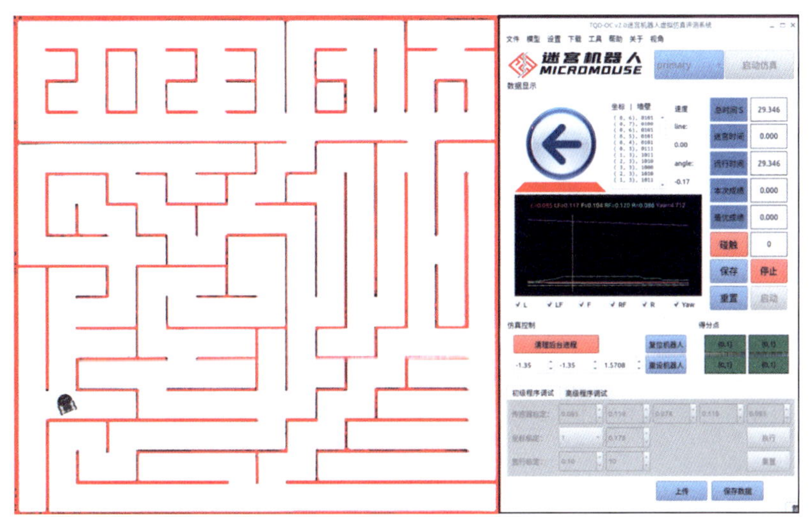

图11-11　运行全迷宫程序

智能运动装置将从起点出发，通过自身激光雷达检测，判断是否有路口，结合自身算法决定是否转弯，通过不断搜索，直至到达终点。

（1）数据查看

数据显示区域，实时显示智能运动装置的各项状态，包括坐标、墙壁资料、车头朝向以及激光雷达数据；计分系统中实时显示运行的时间。

（2）得分点记录

在“设置”菜单中可以根据实际情况设置得分点的坐标。当智能运动装置在后续运行时经过得分点坐标，主面板上的得分点就会高亮显示。

（3）碰触处理

如果在运行时出现故障，先单击“碰触”按钮，再单击“复位机器人”按钮，最后单击“启动”按钮，使用智能运动装置重新开始运行。

当智能运动装置完成运行后，计分系统区域将显示最终的成绩，同时成绩也将写入本地文件score.txt文件中。

（4）远程参赛

智能运动装置虚拟仿真评测系统还提供了上传功能，用户可以将程序打包上传到服务器，远程参加竞赛。

思考与总结

1．坐标计算中，除了使用单元格递增的方式外，还有其他方式吗？

2．转弯控制中，可以使用延时作为转弯角度的控制依据吗？

3．参加虚拟仿真竞赛时，需要首先对参数进行调试，具体哪几个方向的偏航角阈值？

第五篇 智能运动装置拓展学习资料

智能运动装置，作为人工智能装置教育领域的一个重要分支，已经在多种教育层面显示出其独特的价值和潜力。在之前的介绍中，已经对智能运动装置虚拟仿真平台的基础理论、设计构造以及基本应用有了初步的了解。本篇将继续带领读者进一步深入探究智能运动装置的进阶知识，拓展对编程语言的基础认知。

项目十二
学习Python语言基础知识

学习目标

① 认识Python开发环境。
② 掌握Python数据类型。
③ 掌握Python函数种类。
④ 了解Python扩展库。

思维导图

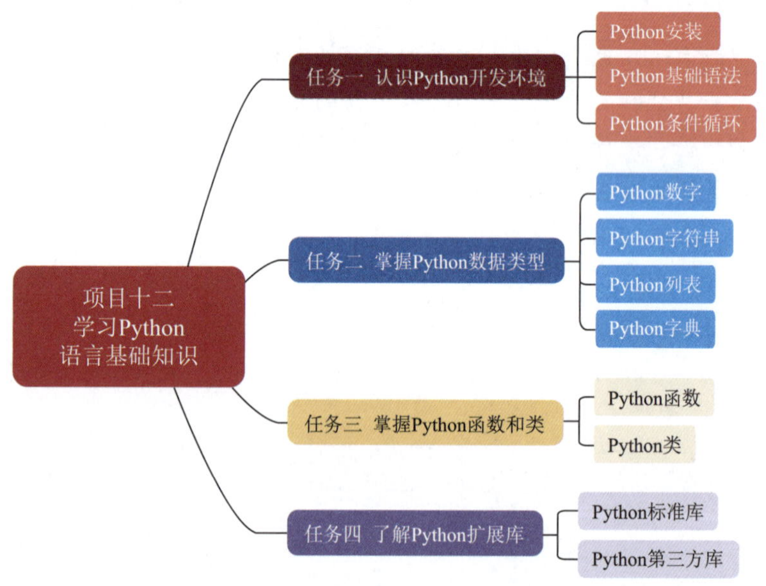

任务一　认识Python开发环境

1. Python安装

Python开源免费，用户可以到Python官网直接下载并安装。

（1）Python IDLE下载

目前，Python的较新正式版是3.11.x，在学习Python时推荐使用较新的版本，但在开发项目时，推荐降低一个版本，选择3.10.x，这是因为一些第三方库可能还未适配新的版本，容易出现各种各样的错误。

根据计算机系统类型选择适合的安装程序，如图12-1所示。下载地址请自行在搜索引擎中搜索获得。

Files

Version	Operating System	Description	MD5 Sum	File Size	GPG	Sigstore
Gzipped source tarball	Source release		7e25e2f158b1259e271a45a249cb24bb	26085141	SIG	.sigstore
XZ compressed source tarball	Source release		1bf8481a683e0881e14d52e0f23633a6	19640792	SIG	.sigstore
macOS 64-bit universal2 installer	macOS	for macOS 10.9 and later	f5f791f8e8bfb829f23860ab08712005	41017419	SIG	.sigstore
Windows embeddable package (32-bit)	Windows		fee70dae06c25c60cbe825d6a1bfda57	7650388	SIG	.sigstore
Windows embeddable package (64-bit)	Windows		f1c0538b060e03cbb697ab3581cb73bc	8629277	SIG	.sigstore
Windows help file	Windows		52ff1d6ab5f300679889d3a93a8d50bb	9403229	SIG	.sigstore
Windows installer (32-bit)	Windows		83a67e1c4f6f1472bf75dd9681491bf1	27865760	SIG	.sigstore
Windows installer (64-bit)	Windows	Recommended	a55e9c1e6421c84a4bd8b4be41492f51	29037240	SIG	.sigstore

图12-1　Python下载

需要说明的是，在Ubuntu 22.04中，已经集成了3.10.6，不需要额外安装。

（2）Python IDLE安装

Python的安装文件非常小，仅27 MB左右，这里主要进行演示，选择Windows installer (64-bit)版本。

Python的安装过程和普通软件类似，推荐选中两个复选框，如图12-2所示。

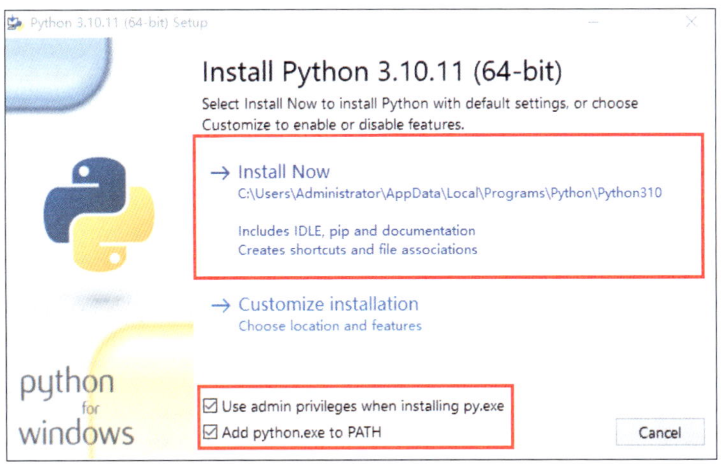

图12-2　选中管理员权限和添加PATH复选框

推荐移除路径的长度限制，如图12-3所示。否则，可能会因为某些程序文件的路径过长，导致失败。

图12-3　移除长度限制

（3）Python IDLE使用

Python不会创建桌面快捷方式，安装完毕后，可以在开始菜单中找到Python，如图12-4所示。单击IDLE启动Python，如图12-5所示。

图12-4　查找Python　　　　图12-5　使用Python IDLE

在IDLE中输入程序，按【Enter】键执行。

2. Python基础语法

同其他编程语言一样，编写Python程序需要遵守Python语法规则，Python语言与C和Java等语言有许多相似之处。但是，也存在一些差异。下面介绍一些基础常用的语法。

（1）编码

默认情况下，Python源码文件以UTF-8编码，所有字符串都是unicode字符串。当然，也可以为源码文件指定不同的编码。

```
# -*- coding: cp-1252 -*-
```

（2）注释

注释是对代码的解释和说明，目的是让人们能够更加轻松地了解代码。

Python中单行注释以“#”开头，多行注释采用三对单引号（'''）或者三对双引号（"""）将注释括起来。Python解释器会自动跳过这部分内容，不予执行。

```
if 1+3>2:  # 这是单行注释
    """
    这是多行注释
    这是多行注释
    """
    '''
    也可以用三个单引号
    来进行多行注释
    '''
    print(1)
else:
print(0)
```

（3）多行

Python是解释型语言，程序通常是按照行来执行的，以新行作为上一行语句的结束符。若代码较长，或者为了美观，可以将一行语句拆分为多行，但要使用反斜杠“\”表示这是一条语句，反斜杠“\”在这里被称为连接符。

```
>>> a=8+9+\
      10+12+\
      15
>>>a
    54
```

若多行包含在[]、()、{}中，就不需要使用连接符。

```
>>> a=(8+9+
      10+12+
      15)
>>>a
    54
```

（4）缩进

Python最具特色的就是使用缩进来表示代码块，其他编程语言多使用大括号{}。缩进的空格数是可变的，但是同一个代码块的语句必须包含相同的缩进空格数。格式如下：

```
if True:
    print(True)
else:
    print(False)
```

Python官方推荐每级缩进使用四个空格。例如：

```
while 1:
    if 1:                           # 1级缩进,4个空格
        if 1:                       # 2级缩进,8个空格
            print(1)                # 3级缩进,12个空格
        else:
            print(0)
    else:
        print(0)
```

注意： 不推荐混用制表符和空格，因为极易导致错误。

（5）保留字

保留字即关键字，不能把它们用作任何标识符名称。Python的标准库提供了一个关键词模块，可以使用它查看当前版本的所有保留字。代码如下：

```
>>> import keyword
>>> keyword.kwlist
```

返回结果：

```
['False', 'None', 'True', 'and', 'as', 'assert', 'async',
'await', 'break', 'class', 'continue', 'def', 'del', 'elif',
'else', 'except', 'finally', 'for', 'from', 'global', 'if',
'import', 'in', 'is', 'lambda', 'nonlocal', 'not', 'or', 'pass',
'raise', 'return', 'try', 'while', 'with', 'yield']
```

Python对大小写敏感，例如FALSE，就不是保留字。例如：

```
>>> False
    False
>>> FALSE
Traceback (most recent call last):
  File "<pyshell#33>", line 1, in <module>
    FALSE
NameError: name 'FALSE' is not defined. Did you mean: 'False'?
>>> FALSE=1
>>> FALSE
    1
```

（6）import与from...import

在Python中使用import或者from...import导入扩展库。将整个模块（somemodule）导入，格式为：

```
import somemodule
```

从某个模块中导入某个函数，格式为：

```
from somemodule import somefunction
```

从某个模块中导入多个函数，格式为：

```
from somemodule import firstfunc, secondfunc, thirdfunc
```

将某个模块中的全部函数导入，格式为：

```
from somemodule import *
```

还可以使用as表示别名，格式为：

```
from somemodule import somefunction as newname
```

应用示例：

```
>>> import os
>>> os.getcwd()
    'D:\\Python3'
>>> from sys import getdefaultencoding
>>> getdefaultencoding()
    'utf-8'
>>> import numpy as np
>>> np.ones((3,3))
    array([[1., 1., 1.],
           [1., 1., 1.],
           [1., 1., 1.]])
```

（7）空行

空行并不是Python语法的一部分，书写时不插入空行，Python解释器运行也不会出错。但是，空行的作用在于分隔两段不同功能或含义的代码，便于日后代码的维护或重构。

用空行分隔，表示一段新的代码的开始。没有从属关系的类和函数之间推荐用两行空行分隔，类的方法之间推荐用一行空行分割，以突出显示。

3. Python条件循环

Python条件语句是通过一条或多条语句的执行结果（True或者False）来决定执行的代码块。

Python循环语句是通过条件语句的执行结果（True或者False）来决定是否循环执行代码块。

（1）if语句

if语句是条件语句，用于组成条件控制，用法如下：

```
if condition1:
    statement_block_1
elif condition2:
    statement_block_2
else:
    statement_block_3
```

if语句永远只会执行一个statement_block，其中elif和else部分均可以省略，也可以有多个elif，但else最多只能有一个。

if语句的执行顺序从上至下，判断condition的结果，只要某个condition为True，就执行内部的statement_block，其他的condition将不再判断。

```
a=8
if a>10:
    print('a>10')
elif 5<=a<=10:
    print('5<=a<=10')
else:
    print('a<5')
```

输出结果：

```
5<=a<=10
```

if中常用的操作运算符及描述见表12-1。

表12-1　if常用操作运算符及描述

操作运算符	描　述	操作运算符	描　述
<	小于	>=	大于或等于
<=	小于或等于	==	等于，比较两个值是否相等
>	大于	!=	不等于

（2）for语句

for语句是循环语句，循环可以遍历任何可迭代对象，如一个列表或者一个字符串，通常结合in使用。用法如下：

```
for variable in iterable:
    statements
else:
    statements
```

for语句可以单独使用，也可以结合else子句，与if语句不同，只有当for遍历成功后，才会执行else中的语句。

```
sites=["Baidu", "Sohu","Jingdong","Taobao"]
for site in sites:
    print(site)
    if site=='Jingdong':
        break
else:
    print('遍历完毕')
```

输出结果：

```
Baidu
```

```
Sohu
Jingdong
```

由于在遍历到"Jingdong"时，产生了break，因此遍历终端，没有输出"Taobao"和else子句。

（3）while语句

while语句同时包含条件和循环语句，用于根据条件的结果判断是否执行代码块。用法如下：

```
while condition:
    statements
else:
    statements
```

while语句可以单独使用，也可以结合else子句，与if语句相同。只有当condition为False时，才会执行else中的语句。

```
a=3
while a:
    print(a)
    a-=1
else:
    print('遍历完毕')
```

输出结果：

```
3
2
1
遍历完毕
```

当a减小为0时，while的condition为False，所以执行了else子句。

（4）break和continue

break语句和C语言中的类似，用于跳出最近的for或while循环。continue语句也借鉴自C语言，表示继续执行循环的下一次迭代。

下面举例说明break和continue，见表12-2。

表12-2　break和continue示例

break	continue

n=5
while n:
  n-=1
  if n ==2:
    break
  print(n)
print('循环结束')
	n=5
	while n:
	  n-=1
	  if n ==2:
	    continue
	  print(n)
	print('循环结束')

续表

break	continue
4 3 循环结束	4 3 1 0 循环结束

比较表12-2的执行结果可以发现：break将整个循环中止了，剩余的循环不再执行；continue提前结束本次循环，后面的代码不再执行，直接进入下一次循环。

任务二　掌握Python数据类型

与其他语言不同，Python中数据类型指的不是变量。

Python中的变量不需要提前声明，在使用前必须赋值，赋值以后该变量才会被真正创建。

在Python中，变量就是变量，它没有类型，通常所说的“类型”是变量所指向的内存地址中对象的类型。

① 等号（=）用来给变量赋值。

② 等号（=）运算符左边是一个变量名，可以是符合Python语法的任意名字，甚至是中文。

③ 等号（=）运算符右边是存储在变量中的值。

Python中的数据类型有多种，常用的基础类型有number（数字）、string（字符串）、bool（布尔类型）、list（列表）、tuple（元组）和dictionary（字典）。

bool比较简单，仅包含True和False；tuple可以认为是list的不可变形式，基本用法与list相似，所以不再过多解释。下面主要对另外四种基础类型进行讲解。

1. Python数字

Python数字用于存储数值。

Python数字是不可变的数据类型，这就意味着如果改变数字的值，将重新分配内存空间。例如：

```
>>> var1=66
>>> var2=88
>>> var1, var2
    (66, 88)
```

（1）数值类型

Python支持三种不同的数值类型：

① 整型（int）：通常称为整数，是正整数或负整数，不带小数点。

② 浮点型（float）：由整数部分与小数部分组成，也可以使用科学计数法表示（如2.5e2=2.5×10^2=250）。

③ 复数(complex))：由实数部分和虚数部分构成，可以用a + bj或者complex(a，b)表示，复数的实部a和虚部b都是浮点型。

（2）类型转换

不通的数值类型可以使用相应函数进行转换：

① int(x)：将x转换为一个整数。

② float(x)：将x转换到一个浮点数。

③ complex(x)：将x转换到一个复数，实数部分为x，虚数部分为0。

④ complex(x, y)：将x和y转换到一个复数，实数部分为x，虚数部分为y。x和y是数字表达式。

（3）数学运算

Python数字同样可以直接进行数学运算。假设变量a=5，变量 b=2，运算符的描述及实例见表12-3。

表12-3　运算符的描述及实例

运　算　符	描　　述	实　　例
+	加，两个对象相加	a+b输出结果7
-	减，得到负数或者一个数减去另一个数	a-b输出结果3
*	乘，两个数相乘或者返回一个被重复若干次的字符串	a*b输出结果10
/	除，x除以y	b/a输出结果0.4
%	取余，返回除法的余数	b%a输出结果2
**	幂，返回x的y次幂	a**b为5的2次方，25

//	取整除，往小的方向取整数	>>> 9//2
		4
		>>> -9//2
		-5

Python还提供大量的数学函数和三角函数等，具体说明请查看官网文档。

2. Python字符串

Python字符串（string，简写为str）用于存储字符串，是Python中最常用的数据类型。可以使用''或""创建字符串。

Python字符串是不可变的数据类型，这就意味着如果改变字符串的值，将重新分配内存空间。例如：

```
>>> var1='Hello TQD!'
>>> var2='Hello Python!'
>>> var1, var2
('Hello TQD!', 'Hello Python!')
```

（1）访问字符串

Python字符串支持以下操作，见表12-4。

表12-4 Python字符串序列操作描述及实例

序列操作	描述	实例	
+	连接符（同类型）	>>> 'he'+'llo' 'hello'	
*	重复操作	>>> 'hello'*3 'hellohellohello'	
[i]	索引,下标从0开始，负数表示从右向左	>>>'hello'[1] 'e'	>>>'hello'[-1] 'o'

[start:end:step]	切片，第一个“:”不可省，其他均可省。三个参数均可负数，表示从右向左	>>> 'hello'[:-1]
		'hell'
		>>> 'hello'[::-1]
		'olleh'	

in	成员运算符True/False	>>> 'h' in 'hello' True	
not in	非成员运算符True/False	>>> 'a' not in 'hello' True	
del	删除字符串，str不可变，所以无法删除索引或切片，只能删除整个str	>>> s='hello' >>> del s	

for...in...	遍历	>>> s='word'
		>>> for i in s:
		print(i)
		w
		o
		r
		d	

（2）编辑字符串

由于Python字符串是不可变的，所以编辑字符串指的是对原字符串进行索引、切片等，然后连接其他字符串，从而生成一个新的字符串。常用的编辑方法如下：

① 大小写转换：

- str.capitalize() -> str

首字母大写。例如：

```
>>> 'hello python'.capitalize()
```

```
'Hello python'
```

● str.swapcase() -> str

大小写互换。例如：

```
>>> 'Hello Python'.swapcase()
'hELLO pYTHON'
```

● str.lower() -> str

全部小写。例如：

```
>>> 'HELLO PYTHON'.lower()
'hello python'
```

● str.upper() -> str

全部大写。例如：

```
>>> 'hello python'.upper()
'HELLO PYTHON'
```

● str.title() -> str

标题化，每个单词首字母大写。例如：

```
>>> 'hello python'.title()
'Hello Python'
```

② 查找与替换：

● str.find(sub[，start[，end]]) ->int

查找sub，返回索引；若sub不存在，返回-1。例如：

```
>>> 'hello python'.find('o')
4
>>> 'hello python'.find('a')
-1
```

● str.rfind(sub[, start[, end]]) -> int

从右侧查找sub，返回索引。例如：

```
>>> 'hello python'.rfind('o')
10
```

● str.index(sub[，start[，end]) -> int

查找sub，返回索引。与find的区别是，若sub不存在，index将报错。例如：

```
>>> 'hello python'.index('o')
4
>>> 'hello python'.index('a')
Traceback (most recent call last):
```

```
  File "<pyshell#10>", line 1, in <module>
    'hello python'.index('a')
ValueError: substring not found
```

● str.rindex(sub[, start[, end]]) -> int

查找sub，返回索引。例如：

```
>>> 'hello python'.rindex('o')
10
```

● str.count(sub, start=None, end=None) -> int

统计sub出现的次数。例如：

```
>>> 'hello python'.count('l')
2
```

● str.replace(old， new [， max]) ->str

替换字符。例如：

```
>>> 'hello python'.replace('p', 'P')
'hello Python'
```

③ 填充与对齐：

● str.center(width, fillchar=' ') ->str

居中。例如：

```
>>> 'TQD'.center(11)
'    TQD    '
>>> 'TQD'.center(11, '~')
'~~~~TQD~~~~'
```

● str.ljust(width, fillchar=' ') ->str

左对齐。例如：

```
>>> 'TQD'.ljust(11)
'TQD        '
```

● str.rjust(width, fillchar=' ') ->str

右对齐。例如：

```
>>> 'TQD'.rjust(11)
'        TQD'
```

④ 移除与匹配：

● str.strip([chars]) ->str

移除开头和结尾空格或属于chars的字符。例如：

```
>>> '   Hello python   '.strip()
'Hello python'
```

● str.lstrip([chars]) ->str

移除开头空格或属于chars的字符。例如：

```
>>> '  Hello python  '.lstrip()
'Hello python  '
```

● str.rstrip([chars]) ->str

移除结尾空格或属于chars的字符。例如：

```
>>> '  Hello python  '.rstrip()
'  Hello python'
```

⑤ 连接与分割：

● str.join(iterable) ->str

连接iterable的所有元素，以str分隔。例如：

```
>>> ''.join(('Hello', 'TQD'))
'HelloTQD'
>>> ', '.join(('Hello', 'TQD'))
'Hello, TQD'
```

● str.split(sep=None, maxsplit=-1) ->list

以sep分割字符串。例如：

```
>>> 'Hello Python! Hello World!'.split(' ')
['Hello', 'Python!', 'Hello', 'World!']
```

● str.rsplit(sep=None, maxsplit=-1) ->list

以sep分割字符串，从右向左。例如：

```
>>> 'Hello Python! Hello World!'.rsplit(' ', 1)
['Hello Python! Hello', 'World!']
```

（3）格式化字符串

在程序中输出字符串时，经常需要随着实际情况进行调整，如字符串中的种类、时间、数量、姓名、年龄等。例如

```
'Pyhon课程将于10:00开始,参与的学生总人数是22人。'
'数学课程将于11:00开始,参与的学生总人数是30人。'
'英语课程将于14:00开始,参与的学生总人数是28人。'
```

对每个需要输出的字符串，创建一一对应的变量，是一个非常烦琐的工作，这时就可以考虑使用格式化字符串。

首先创建一个模板字符串，在使用时，根据实际情况进行格式化并输出。例如：

```
'{}课程将于{}开始,参与的学生总人数是{}人。'
```

在Python中，字符串中的大括号“{}”可用于占位符，表示这是一个变量，可以进行格式化。格式化的方式有三种：

- %格式化：这是在Python2时代使用的格式化方式。
- format格式化：字符串的format()方法，自由度非常高。
- f-string格式化：f-string是标注了f或F前缀的字符串，可以直接在{}中使用上文中出现过的变量。

由于%格式化已经不推荐使用，下面主要介绍format格式化和f-string格式化。

① format格式化。格式如下：

```
str.format(*args, **kwargs)
```

② 序号格式化：按数字序号来替换str中的{}占位字段。例如：

```
>>> '{0} {2}{1}'.format('hello', 'ld', 'wor')
'hello world'
```

如果序号是0、1、2……的顺序，则可以省略，但此时{}与format参数个数必须相同。例如：

```
>>> '{} {}'.format('hello', 'world')
hello world
>>> template='{}课程将于{}开始,参与的学生总人数是{}人。'
>>> template.format('Python', '10:00', 22)
'Python课程将于10:00开始,参与的学生总人数是22人。'
>>> template.format('数学', '11:00', 30)
'数学课程将于11:00开始,参与的学生总人数是30人。'
>>> template.format('英语', '14:00', 28)
'英语课程将于14:00开始,参与的学生总人数是28人。'
```

③ 关键字格式化：照关键字替换{}占位字段。例如：

```
>>> template = '{subject}课程将于{time}开始,参与的学生总人数是
{students}人。'
>>> template.format(subject='Python', time='10:00', students=22)
'Python课程将于10:00开始,参与的学生总人数是22人。'
>>> template.format(subject='数学', time='11:00', students=30)
'数学课程将于11:00开始,参与的学生总人数是30人。'
>>> template.format(subject='英语', time='14:00', students=28)
'英语课程将于14:00开始,参与的学生总人数是28人。'
```

④ 数字格式化：格式化显示字符串中的数字。例如：

```
>>> '{:.2f}'.format(3.1415926)        # 保留两位小数
'3.14'
>>> '{:>5}'.format(3.14)              # 右对齐,总宽度5个字符
```

```
' 3.14'
>>> '{:~>5}'.format(3.14)        # 右对齐,总宽度5个字符,使用"~"填充
'~3.14'
>>> '{:>5.2f}'.format(3.1415926) # 右对齐,总宽度5个字符,保留两位小数
' 3.14'
```

⑤ f-string格式化：f-string是标注了f或F前缀的字符串。与format相比较，可以直接在{}中执行表达式。例如：

```
>>> f'{3>2}'
'True'
>>> food = ['西瓜', '葡萄', '香蕉']
>>> f'{food[0]}'
'西瓜'
>>> class Car:
        color='red'
>>> car=Car()
>>> f'{car.color}'
'red'
```

f-string同样支持对字符串中的数字进行格式化。例如：

```
>>> value = 3.1415926
>>> f'{value:.2f}'
'3.14'
>>> f'{value:>5.2f}'
' 3.14'
>>> f'{value:~>5.2f}'
'~3.14'
```

3. Python列表

Python列表（list）是一个序列，用于存储多个数据，种类没有限制，可以相同，也可以不同。可以使用中括号[]创建列表。

Python列表是可变的数据类型，可以对其中的元素进行增加、删除或修改。

```
>>> list1 = ['C/C++', 'Java', 'Python', 'Go']
>>> list2 = ['小明', 20, 88]
```

（1）访问列表

Python列表支持以下操作，序列操作描述及实例见表12-5。

```
>>> l = [22,33,44,55]
```

表12-5　序列操作描述及实例

序列操作	描　述	实　例
+	连接符（同类型）	>>> [1,2,3]+[7,8] [1, 2, 3, 7, 8]

续表

序列操作	描　述	实　例	
*	重复操作	>>> [1,2]*3 [1, 2, 1, 2, 1, 2]	
[i]	索引，下标从0开始，负数表示从右向左	>>> l[0] 22	>>> l[-1] 44

[start:end:step]	切片，第一个“:”不可省，其他均可省。三个参数均可为负数，表示从右向左	>>> l[:2]
		[22, 33]
		>>> l[::2]
		[22, 44]	

in	成员运算符True/False	>>> 66 in l False	
not in	非成员运算符True/False	>>> 44 not in l True	

del	删除元素或切片del list[i]；删除整个列表 del list	>>> del l[2]
		>>> l
		[22, 33, 55]	

for...in...	遍历	>>> for i in l: print(i) 22 33 44 55	

（2）编辑列表

Python列表是可变类型数据，进行增加、删除或修改是对列表本身进行修改。

① 查找与统计：

- list.index(x[, start[, end]]) ->int

查找x的索引。例如：

```
>>> list1 = ['C/C++', 'Java', 'Python', 'Go']
>>> list1.index('Python')
2
```

- list.count(x) ->int

统计某个元素在列表中出现的次数。例如：

```
>>> list1.count('Python')
1
```

② 插入与扩展：

- list.append(x) ->None

追加，在列表末尾添加元素x。

```
>>> list1.append('C#')
>>> list1
['C/C++', 'Java', 'Python', 'Go', 'C#']
```

● list.insert(i, x) ->None

插入，在索引i位置插入元素x。例如：

```
>>> list1.insert(3, 'JavaScript')
>>> list1
['C/C++', 'Java', 'Python', 'JavaScript', 'Go', 'C#']
```

● list.extend(iterable) ->None

扩展，扩展iterable到列表尾部。例如：

```
>>> list1.extend(('VB', 'SQL'))
>>> list1
['C/C++', 'Java', 'Python', 'JavaScript', 'Go', 'C#', 'VB',
'SQL']
```

③ 删除与清空：

● list.pop([i]) ->object

基于索引删除元素。例如：

```
>>> list1.pop()
'SQL'
>>> list1.pop(-2)
'C#'
```

● list.remove(x) ->None

基于值删除元素，只删除第一个。例如：

```
>>> list1.remove('Go')
>>> list1
['C/C++', 'Java', 'Python', 'JavaScript', 'VB']
```

● list.clear() ->None

清空列表。例如：

```
>>> list1.clear()
>>> list1
[]
```

④ 排序：

● list.sort(*, key=None, reverse=False) ->None

对列表排序。例如：

```
>>> list1=['C/C++', 'Java', 'Python', 'Go']
>>> list1.sort()
```

```
>>> list1
['C/C++', 'Go', 'Java', 'Python']
```

- list.reverse() ->None

翻转列表中的元素，不考虑大小。例如：

```
>>> list1.reverse()
>>> list1
['Python', 'Java', 'Go', 'C/C++']
```

4. Python字典

Python字典（dict）同样属于序列，是一个键值对的容器。可以使用大括号{}创建字典。

Python字典是可变的数据类型，可以对其中的键值对进行增加、删除或修改。例如：

```
>>> dict1 = {'name':'li', 'age':18, 'score':90}
```

（1）访问字典

Python字典中每个元素是一个键值对，支持以下操作：

```
>>> d = {'a':1, 'b':2}
```

序列操作描述及实例见表12-6。

表12-6 序列操作描述及实例

序列操作	描 述	实 例

[key]	按key访问或赋值，
	dict不支持索引和切片
		>>> d['a'] = 5
		>>> d['a']
		5

in	成员（key）运算符True/False	>>> 'a' in d True
not in	非成员（key）运算符True/False	>>> 'd' not in d True

del	删除某个元素 del dict[key];
	删除整个字典 del dict
		>>> del d['a']
		>>> d
		{ 'b' : 2}

for...in...	迭代	>>> for i in d: print(i) a b

与字符串和列表不同的是，字典不支持索引和切片。

（2）编辑字典

Python字典是可变类型数据，进行增加、删除或修改是对字典本身进行修改。

①查找与统计：

● dict.get(key[, default]) ->value

返回key的value，若不存在则返回default。例如：

```
>>> dict1={'name':'li', 'age':18, 'score':90}
>>> dict1.get('name')
'li'
```

● dict.setdefault(key[, default]) ->value

返回key的value，若不存在则加入key:default键值对，并返回default。例如：

```
>>> dict1.setdefault('subject', 'Python')
'Python'
>>> dict1
{'name': 'li', 'age': 18, 'score': 90, 'subject': 'Python'}
```

● dict.items() -> dict_items[_KT, _VT]

返回键值对（元组）构成的视图，可以迭代，但不可以索引切片。如果有需要，可用list展开。例如：

```
>>> dict1.items()
dict_items([('name', 'li'), ('age', 18), ('score', 90),
('subject', 'Python')])
```

● dict.keys() -> dict_keys[_KT, _VT]

返回keys构成的视图，可以迭代，但不可以索引切片。如果有需要，可用list展开。例如：

```
>>> dict1.keys()
dict_keys(['name', 'age', 'score', 'subject'])
```

● dict.values() -> dict_values[_KT, _VT]

返回values构成的视图，可以迭代，但不可以索引切片。如果有需要，可用list展开。例如：

```
>>> dict1.values()
dict_values(['li', 18, 90, 'Python'])
```

②删除与清空：

● dict.pop(key[,default]) ->value

删除键值对，返回value。若key不存在也没给定default，将触发KeyError。例如：

```
>>> dict1.pop('age')
18
>>> dict1
{'name': 'li', 'score': 90, 'subject': 'Python'}
```

● dict.popitem() ->tuple

删除最后一个键值对，并返回其元组。例如：

```
>>> dict1.popitem()
('subject', 'Python')
>>> dict1
{'name': 'li', 'score': 90}
```

● dict.clear() ->None

清空字典内所有元素。例如：

```
>>> dict1.clear()
>>> dict1
{}
```

任务三　掌握Python函数和类

1. Python函数

函数是封装好的，可重复使用，用来实现单一或相关联功能的代码段。函数能提高程序的模块性和代码的重复利用率。

（1）内置函数

Python解释器内置了很多函数，无须导入就可以直接使用，见表12-7。

表12-7　内置函数

A abs() aiter() all() any() anext() ascii() B bin() bool() breakpoint() bytearray() bytes() C callable() chr() classmethod() compile()	E enumerate() eval() exec() F filter() float() format() G getattr() globals() H hasattr() hash() help() hex()	L len() list() locals() M map() max() memoryview() min() N next() O object() oct() open() ord()	R range() repr() reversed() round() S set() setattr() slice() sorted() staticmethod() str() sum() super() T tuple() type()

续表

complex()	I	P	V
	id()	pow()	vars()
D	input()	print()	
delattr()	int()	property()	Z
dict()	isinstance()		zip()
dir()	issubclass()		_
divmod()	iter()		__import__()

（2）自定义函数

除了使用内置函数外，还可以自定义函数，实现自己需要的功能。

① 函数定义：

```
def 函数名([参数]):
    # 内部代码
    return 表达式
```

Python使用关键字def定义函数；

- 函数名是必须提供的，可以是符合Python语法的任意名称，甚至是中文。
- 函数名后面必须有括号，用于定义参数；若无须使用参数，可以省去。
- 括号后面必须紧跟冒号“：”，表示代码块的开始。
- 函数内部的第一级缩进必须相同，表示这个代码块是一个整体。
- 函数结尾应当使用return返回值，若没有return语句，Python将默认为return None。

```
def 功能():
    return 1
print(功能())   # 输出返回值，即1
```

若函数需要使用参数，可以在函数名后面的括号中定义，这里的参数名就是变量名。参数主要有两种：位置参数和关键字参数。

② 位置参数：也称为必传参数、顺序参数，是最重要的，也是必须在调用函数时明确提供的参数。位置参数必须按先后顺序一一对应地传递。

注意：Python在做函数参数传递时不会对数据类型进行检查，理论上传什么类型都可以。但是在实际运算时如果发现数据类型错误，将会弹出异常。

```
def fun(a, b, c):
    return a+b+c
print(fun(5, 2, 1))   # 8
```

③ 关键字参数：调用函数时，所有的参数都是按位置（顺序）传入函数内部的，如果传递顺序与使用顺序不匹配，将出现各种各样的问题，甚至崩溃。

使用关键字传参可以避免这种情况，不需要按照顺序传递。关键字传参就是使用“参数名=value”的形式，传入参数。例如：

```
def fun(a, b):
    return a ** b
print(fun(2, 3))          # 8
print(fun(3, 2))          # 9
print(fun(b=3, a=2))      # 关键字传参,与顺序无关,8
```

④ 默认值参数：

在定义函数时，还可以给某个参数提供一个默认值。默认值参数也属于关键字参数。在调用时，可以给关键字参数传递一个自定义的值，也可以不传参，即使用默认值。例如：

```
def fun(a=2, b=3):
    return a ** b
print(fun())              # 8
print(fun(5, 2))          # 25
```

当位置参数和关键字参数组合使用时，Python语法要求关键字参数必须在位置参数后面，否则将触发异常。例如：

```
def fun(a, b=3):
    return a ** b
print(fun(5))   # 125
```

关键字参数放在位置参数前面，触发异常。例如：

```
def fun(a=3, b):
    return a ** b
SyntaxError: non-default argument follows default argument
```

2. Python类

Python是一门面向对象的语言，Python中的类提供了面向对象编程的所有基本功能。类的继承机制，允许派生类可以覆盖基类中的任何方法，方法中可以调用基类中的同名方法。

（1）类定义

类的定义方法如下：

```
class 类名:
    def 函数名(self, [参数]):
        # 内部代码
        return 表达式
    ...
```

说明：

① Python使用关键字class定义类。

② 类名必须提供，且推荐首字母大写。

③ 如果继承了其他类，类名后面可以添加括号，将基类放在括号中。

④ 类中可以定义函数，称为实例方法，必须接受一个参数self，表示实例对象自身。

⑤ 定义在函数之外的变量是类变量，与普通变量相同。

⑥ 定义在函数之内的变量是实例属性，必须以self.变量表示。

类定义举例如下：

```
class Car:
    def __init__(self, person, color, seats):
        self.person=person
        self.color=color
        self.seats=seats
    def say(self):
        a=2
          print(f'{self.person}的汽车是{self.color}, 共有{self.
seats}个座位')
    def get_color(self):
        return self.color
    def set_color(self, color):
        self.color=color
```

（2）实例化

如上例所示，Car是一个类，指向内存地址；而Car()是对类的实例化。若使用参数，在实例化时需要将参数传入。例如：

```
mycar = Car('小明', '红色', '4')
```

（3）构造方法

构造方法是类中的一个特殊的实例方法，名字固定为“__init__”，会在类实例化时首先完成，可以理解为初始化。实例化时传入的参数，都会送入构造方法。

```
def __init__(self, ...):
    代码块
```

所有的实例方法，包括构造方法，都必须接收一个self参数，表示实例对象本身；实例属性必须以self.变量的形式表示。

（4）实例方法

实例方法是类中的功能函数，可以在内部调用，也可以对外开放。若实例方法无法满足需求，可以继承重写。格式如下：

```
def name(self, ...):
    代码块
```

除了self参数外，实例方法还可以添加其他额外参数。但要注意，这些额外参数并没有在实例化时传入，所以在调用实例方法时，还需要将额外的参数传入。

（5）类的继承

继承机制经常用于创建和现有类功能类似的新类，又或者新类只需要在现有类基础上添加或修改一些属性或方法，但又不想直接将现有类代码复制给新类。也就是说，通过使用继承这种机制，可以轻松实现类的重复使用。

```
class Parent :
    pass
class Child(Parent ):
    pass
```

说明：

① 子类可以直接调用父类的属性和方法。

② 子类可以定义新的属性和方法。

③ 子类可以定义父类原有的属性和方法，即重写。

任务四　了解Python扩展库

1. Python标准库

标准库是Python集成的扩展库，随着Python客户端的安装而安装到本地。由于Python标准库数量超过240个，所以本书仅介绍一些常用的标准库。

（1）Python运行时服务

sys：提供系统相关的参数和函数。这些参数可能被解释器使用，也可能由解释器提供；这些函数会影响解释器。

（2）通用操作系统服务

① os：提供多种操作系统接口功能。如果只是读/写一个文件，可用open()函数；如果想操作文件路径，可参阅os.path模块；如果想读取通过命令行给出的所有文件中的所有行，可参阅 fileinput模块。为了创建临时文件和目录，可参阅tempfile模块，对于高级文件和目录处理，可参阅shutil模块。

② time：提供时间的访问和转换，相关功能可以参阅datetime和calendar模块。

（3）文件和目录访问

① os.path：提供常用路径操作功能。不同的操作系统具有不同的路径名称约定，因此os.path标准库集成了转换功能，输出的路径始终都是适合本机操作系统的路径。

② shutil：提供高阶文件操作功能，特别是复制和删除。

（4）文件格式

① configparser：ini文件是初始化文件，是Windows的系统配置文件所采用的存储格式，统管Windows的各项配置。configparser模块提供了对ini文件解析的功能。

② csv：csv格式是电子表格和数据库中最常见的输入、输出文件格式。csv模块提供对csv文件的读/写功能。

（5）并发执行

① threading：提供基于线程的并行。由于存在全局解释器锁，同一时刻只有一个线程可以执行（虽然某些性能导向的库可能会去除此限制）。因此，如果想充分利用多核计算机的性能，推荐使用 multiprocessing。如果同时运行的任务是I/O密集型的，则多线程仍然是一个比较合适的选择。

② multiprocessing：提供基于进程的并行。通过使用子进程而非线程有效地绕过了全局解释器锁。因此，multiprocessing模块允许程序员充分利用计算机的多核性能。

③ subprocess：提供子进程管理功能，可以连接它们的输入、输出和错误管道，并获取它们的返回值。

2. Python第三方库

第三方库是Python客户端没有集成的扩展库，可以通过pip命令安装使用。

（1）Python GUI编程

Python自带的tkinter模块可以快速开发简单桌面应用。第三方库如PyQt、PySide、PySimpleGUI、Kivy、wxPython等，都可以用来进行GUI（graphical user interface），图形用户接口编程。这里推荐使用PySide。

PySide是跨平台应用程序框架Qt的Python绑定，Qt是跨平台C++图形可视化界面应用开发框架，自推出以来深受业界盛赞。PySide由Qt公司自己维护，较新版本是PySide6，允许用户在Python环境下利用Qt开发大型复杂的GUI。PySide6支持LGPL协议，可以使用动态链接的形式开发闭源程序，可以任何形式（商业的、非商业的、开源的、非开源的等）发布应用程序。

使用如下命令安装PySide6：

```
pip install PySide6
```

以下是一个非常简单的按钮程序：

```
from PySide6.QtWidgets import QWidget, QApplication, QPushButton
import sys
class Mydemo(QWidget):
    def __init__(self):
        super().__init__()
```

```
        btn=QPushButton('按钮', self)
        btn.move(50, 50)
        btn.setStyleSheet("QPushButton:pressed {color:blue}")

if __name__=='__main__':
    app=QApplication(sys.argv)
    win=Mydemo()
    win.show()
    sys.exit(app.exec())
```

运行后就可以看到GUI界面，单击“按钮”时，文本将变为蓝色，如图12-6所示。

图12-6　简单GUI界面

（2）Python Web开发

典型的Web应用开发框架有Django、Flask、Pyramid，可以选择自己感兴趣的学习。推荐使用Flask进行简单的Web开发。

Flask是一个使用Python编写的轻量级Web应用框架。它被称为微框架（microframework），“微”并不意味着把整个Web应用放入到一个Python文件，微框架中的“微”是指Flask旨在保持代码简洁且易于扩展。Flask框架的主要特征是核心构成比较简单，但具有很强的扩展性和兼容性，程序员可以使用Python语言快速实现一个网站或Web服务，用户可以根据需要进行扩展。

使用如下命令安装Flask：

```
pip install flask
```

以下是一个非常简单的Web程序：

```
from flask import Flask
app=Flask(__name__)
@app.route('/')
def hello_world():
    return 'Hello World!'
if __name__ == '__main__':
    app.run()
```

运行后，在浏览器中访问http://127.0.0.1:5000就可以看到显示的内容，如图12-7所示。

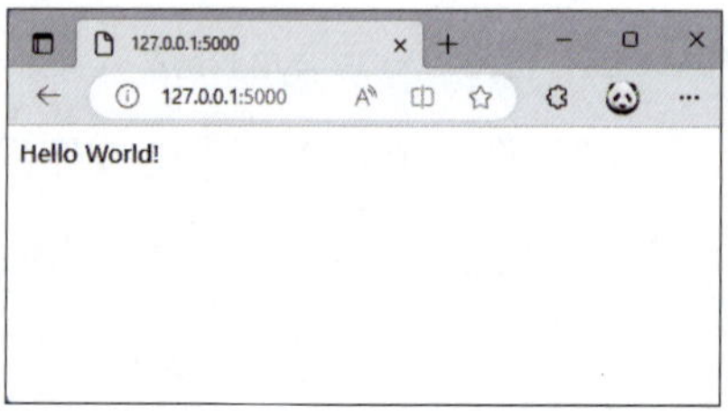

图12-7　简单Web服务

（3）Python 图像处理

在Python中不可避免地要进行图像处理，如读、写、识别等，最常用的有两个库OpenCV和Pillow。这里推荐使用OpenCV。

OpenCV是由英特尔公司资助的开源计算机视觉库，可以运行在Linux、Windows、Android和MacOS操作系统。它提供Python接口，可以非常方便地实现图像处理和计算机视觉方面的很多通用算法。

使用如下命令安装OpenCV：

```
pip install opencv-python
```

以下是一个非常简单的取色器程序：

```
import cv2
def mouseColor(event, x, y, flags, param):
    if event == cv2.EVENT_LBUTTONDOWN:
        print(‹HSV:›, hsv[y, x])
img=cv2.imread('2.jpg')
hsv=cv2.cvtColor(img, cv2.COLOR_BGR2HSV)
cv2.imshow("Color Picker", img)
cv2.setMouseCallback("Color Picker", mouseColor)
if cv2.waitKey(0) == ord('q'):
    cv2.destroyAllWindows()
```

运行程序后，单击图像上的任意位置，将输出该位置的HSV分量，如图12-8所示。

图12-8　取色器

项目十三

学习智能运动装置拓展知识点

学习内容

① 了解智能运动装置搜索策略和方向转换。

② 了解迷宫机器人的存储方法。

③ 认识迷宫等高图路径优选方法。

思维导图

任务一　了解智能运动装置搜索策略

在第一次运行时，对于智能运动装置来说，迷宫是未知的，不确定如何行走才能到达终点。因此需要去搜索迷宫，直到抵达终点为止。

1. 搜索方式

智能运动装置搜索迷宫通常有两种方式：

方式一：尽快到达终点，如图13-1所示。

方式二：搜索整个迷宫，如图13-2所示。

这两种方式各有利弊。利用第一种方式虽然可以缩短搜索迷宫所需的时间，但不一定能够得到整个迷宫地图的资料。若找到的路不是迷宫的最优路径，这将会影响智能运动装置最后冲刺的时间。利用第二种方式，可以得到整

个迷宫地图的资料，这样就可以求出最优路径。但采用这种方法所使用的搜索时间会比较长。

图13-1　部分搜索

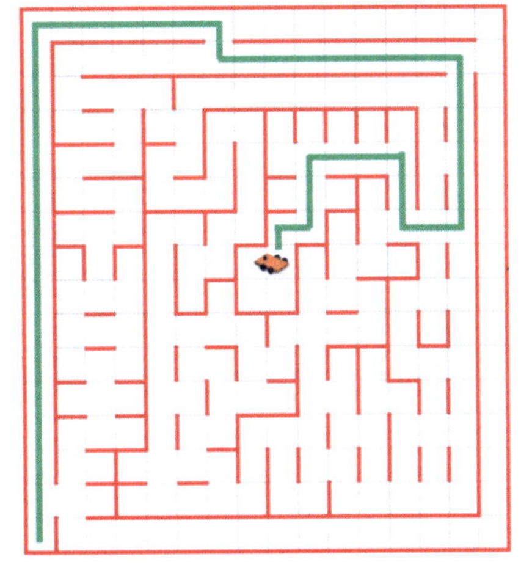

图13-2　全迷宫搜索

本任务选择方式一进行搜索。

2. 搜索法则

智能运动装置在搜索迷宫时，需要时刻记录自身的迷宫坐标与对应的墙壁资料，漫无目的地搜索会非常影响效率。为了节约搜索时间，在搜索时，会采用一些搜索法则来提高搜索效率。

常用基础搜索法则有三种：右手法则、左手法则和中心法则，如图13-3所示。

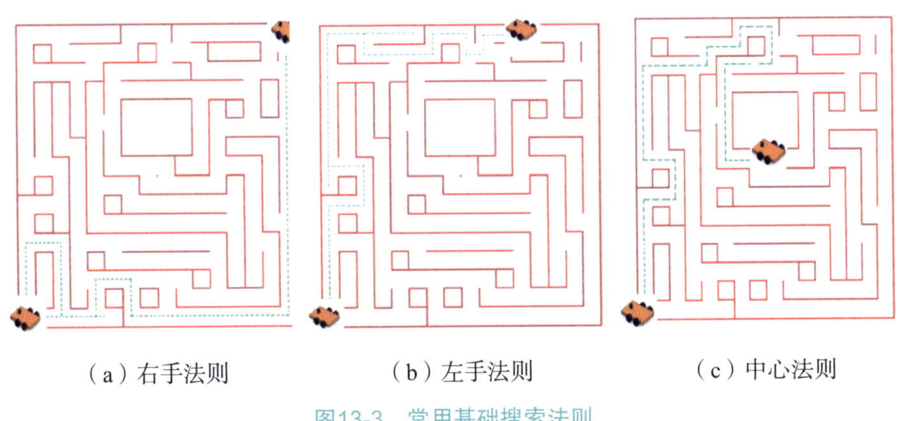

（a）右手法则　（b）左手法则　（c）中心法则

图13-3　常用基础搜索法则

① 右手法则：当智能运动装置的前进方向有多个可供选择时，优先向右转，其次直行，最后左转。

② 左手法则：当智能运动装置的前进方向有多个可供选择时，优先向左

转，其次直行，最后右转。

③ 中心法则：当智能运动装置的前进方向有多个可供选择时，优先朝向终点的方向转动。

任务二　了解智能运动装置方向转换

迷宫是由18 cm × 18 cm大小的方格组成的，其行列各有16个方格。为了让智能运动装置记住所走过的各个迷宫格的信息，就要对这256个迷宫格进行编号。很明显，用坐标是非常方便的。

这里规定，以智能运动装置放到起点时的方向为参照，此时智能运动装置的正前方为y轴正方向，后方为y轴负方向，左方为x轴负方向，右方为x轴正方向。

为了把上下左右四个方向参数转换为微控制器能够识别的符号，这里将向上的方向定义为0，向右为1，向下为2、向左为3，如图13-4所示。

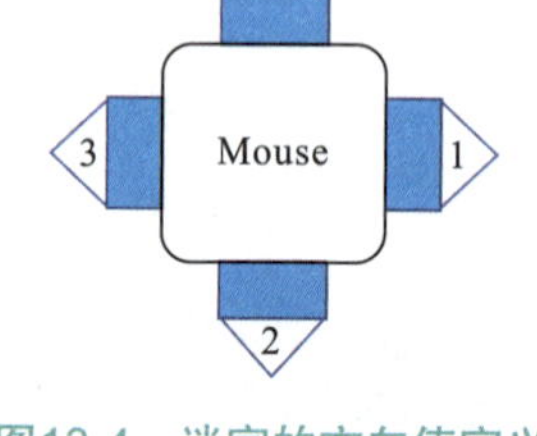

图13-4　迷宫的方向值定义

有了坐标和方向后，智能运动装置在迷宫中行走就可以随时知道自己所处的位置和方位。然而，对于智能运动装置来说，红外线传感器的位置和方向是固定不变的，而对于迷宫来说，红外线传感器的位置和方向是随着智能运动装置前进的方向变化而变化的，这就是由于参照物的不同而出现的差异，由此引出了两个方向的问题：相对方向和绝对方向。

① 相对方向：以智能运动装置当前行走方向为参照的方向，称为相对方向。

② 绝对方向：以迷宫绝对坐标平面为参照的方向，称为绝对方向。

那么传感器所检测的信息如何存储才能更利于处理？很明显，以绝对方向存储会非常方便。这就涉及相对方向与绝对方向的转换。这里以Dir记录绝对方向值，智能运动装置的相对方向转换为绝对方向见表13-1。

表13-1　相对方向转换为绝对方向

相对方向	绝对方向
智能运动装置前方	Dir
智能运动装置右方	(Dir+1)%4
智能运动装置后方	(Dir+2)%4
智能运动装置左方	(Dir+3)%4

例如，若智能运动装置当前的前进方向为迷宫的上方，如此时Dir=0，由表13-1可以计算出其相对方向的右、后、左三方向的绝对方向值为1、2、3。

再参照图13-4可知，这三个值分别代表迷宫绝对方向的右方、下方和左方。可以看出，此时智能运动装置的相对方向与绝对方向相同。

假如当前智能运动装置前进方向为迷宫绝对方向的左方，即此时Dir=3，由表13-1可以计算出其相对方向右、后、左三方向的绝对方向值为0、1、2。再参照图13-4可知，这三个值分别代表迷宫绝对方向的上方、右方和下方。可以看出，此时智能运动装置的前方为迷宫的左方，智能运动装置左方为迷宫的下方，智能运动装置的右方为迷宫的上方，智能运动装置的后方为迷宫的右方。

有时系统还需要根据绝对方向求出相对方向，例如，要控制智能运动装置转向某一个绝对方向，就需要计算出该绝对方向处于智能运动装置的哪个相对方向，智能运动装置根据相对方向来决定转向。

首先，根据目标的绝对方向（Dir_dst）和当前的绝对方向（Dir）求出方向偏差值（ΔDir）：

$$\Delta Dir=(Dir\_dst-Dir)\%4$$

这时就可以根据方向偏差值求出智能运动装置的相对方向，见表13-2。

表13-2　绝对方向转换为相对方向

绝对方向（ΔDir）	相对方向
0	智能运动装置前方
1	智能运动装置右方
2	智能运动装置后方
3	智能运动装置左方

假设智能运动装置已知当前位置坐标（x, y），就可以求出其某绝对方向上（相对方向可按表13-1转换为绝对方向）的相邻坐标值，见表13-3。该表是可逆的，即可以根据坐标值的变化求出绝对方向。

表13-3　坐标转换

绝对方向	相对方向
当前位置	（x,y）
上方0	（x,y+1）
右方1	（x+1,y）
下方2	（x,y-1）
左方3	（x-1,y）

任务三　了解迷宫信息的存储方法

进行路径规划首先需要记录所有位置的墙壁信息，很明显建立二维数组对整个迷宫进行坐标定义是非常有效的一种方法。每个单元格定义为一个坐标，该坐标对应的墙壁信息均存储在建立的二维数组中，如图13-5所示。

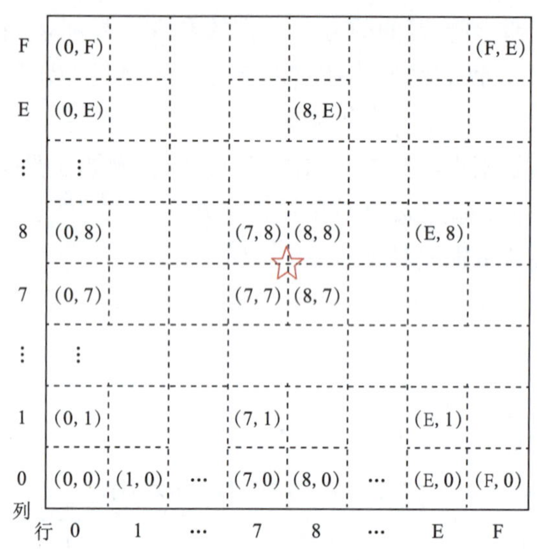

图13-5　迷宫坐标定义

当智能运动装置到达一个单元格坐标时，应根据传感器检测结果记录下当前方格的墙壁资料，为了方便管理和节省存储空间，每一个字节变量的低四位分别用来存储一个方格四周的墙壁资料，迷宫共有16×16个方格，所以可以定义一个16×16的二维数组变量来保存整个迷宫墙壁资料。

首先将迷宫墙壁资料全部初始化为0。凡是走过的迷宫格至少有一方没有墙壁，也就是墙壁资料不全为0，这样就可以通过单元格存储的墙壁资料是否为0来确定该单元格是否曾搜索过。墙壁资料存储方式见表13-4。

表13-4　墙壁资料存储方式

变　量	方　位	开 或 关
bit0	上方0	1：Yes，0：No
bit1	右方1	1：Yes，0：No
bit2	下方2	1：Yes，0：No
bit3	左方3	1：Yes，0：No
bit7- bit4		保留位

任务四　认识等高图路径优选方法

假设智能运动装置已经搜索完整个迷宫或者只搜索了包含起点和终点的部分迷宫，且记录了已走过的每个迷宫格的墙壁资料，那么怎样根据已有信息找出一条从起点到终点最优的路径？下面引入等高图的概念和制作方法。

等高图就是等高线地图的简称，例如，一般地图可以标出同一高度的地区范围，气象报告时的等气压图可以标出相等气压的范围及大小。

等高图运用在迷宫地图上，可以计算每一个迷宫格与迷宫终点的距离值，持续到计算出迷宫起点与迷宫终点的距离值为止；根据每个迷宫格与终点的距离值，再以大到小的方式排列，就能在迷宫中找出一条最短路径。

起点标记为1，根据每个单元格的墙壁信息，在该单元格上标识出距离起点的最短步数，从而得到任意坐标到起点的最优路径，如图13-6所示。

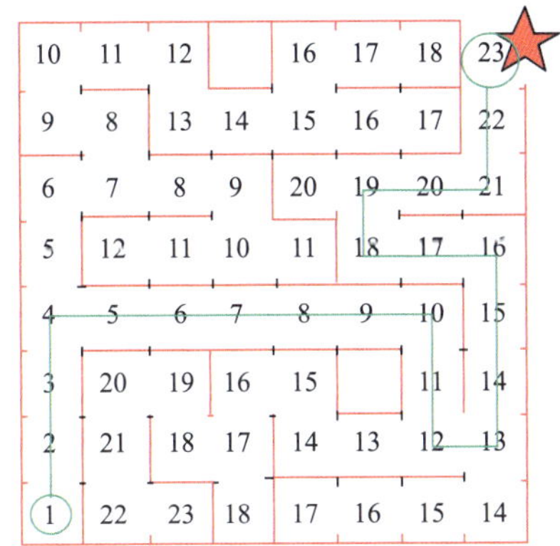

图13-6　寻找最优路径的等高图示意图